合金元素 Cr、Mo 对 Fe-Al 金属间化合物强韧性作用机理的理论研究

陈 煜 著

东南大学出版社
SOUTHEAST UNIVERSITY PRESS
·南京·

内容简介

这是一本阐述合金元素 Cr、Mo 对 Fe-Al 金属间化合物强韧性作用机理理论研究的书。

本书系统阐述了基于第一性原理方法,合金元素对 B_2-FeAl 和 DO_3-Fe_3Al 固溶相、FeAl 和 Fe_3Al 晶界、FeAl/Fe_3Al 相界面,以及析出和沉淀相分别对 FeAl 和 Fe_3Al 的结构稳定性、力学性能和电子结构的影响,得到了不同合金元素对 Fe-Al 力学性能的影响趋势以及电子层次的微观机理。

此外,创新性地提出了结合基于量子力学的第一性原理和基于价键理论的固体与分子经验电子理论的方法,既实现了通过力学模量进行比较,又可以量化地表征力学性能的优劣。

本研究成果从原子层次解释 Fe-Al 金属间化合物的脆弱性机理,并揭示合金元素对 B_2 型 FeAl 相和 DO_3 型 Fe_3Al 相的固溶强化作用机理,为设计新型的 Fe-Al-X 三元合金提供理论依据,对推进 Fe-Al 金属间化合物的产业化进程有重要意义。

图书在版编目(CIP)数据

合金元素 Cr、Mo 对 Fe-Al 金属间化合物强韧性作用机理的理论研究/陈煜著. —南京:东南大学出版社,2020.5
　ISBN 978-7-5641-8906-8

　Ⅰ. ①合…　Ⅱ. ①陈…　Ⅲ. ①金属间化合物—强化机理—研究　Ⅳ. ①O76

中国版本图书馆 CIP 数据核字(2020)第 086414 号

合金元素 Cr、Mo 对 Fe-Al 金属间化合物强韧性作用机理的理论研究
Hejin Yuansu Cr、Mo Dui Fe-Al Jinshujianhuahewu Qiangrenxing Zuoyong Jili de Lilun Yanjiu

著　　者	陈　煜
出版发行	东南大学出版社
社　　址	南京市四牌楼 2 号　　邮编:210096
出 版 人	江建中
经　　销	全国各地新华书店
印　　刷	虎彩印艺股份有限公司
开　　本	700mm×1000mm　1/16
印　　张	11
字　　数	203 千字
版　　次	2020 年 6 月第 1 版
印　　次	2020 年 6 月第 1 次印刷
书　　号	ISBN 978-7-5641-8906-8
定　　价	46.00 元

本社图书若有印装质量问题,请直接与营销部联系。电话(传真):025-83791830

前　言

Fe-Al金属间化合物具有优良的耐热腐蚀、冲蚀以及抗高温氧化性能，以Fe、Al这两种工业上最常用的金属为基本成分，因此与其他金属间化合物相比，还具有成本低廉的优势。作为结构材料，Fe-Al金属间化合物被研究已有数十年，然而其在工业化应用方面始终未有显著突破。鉴于其具有的诸多优异性能，对Fe-Al金属间化合物的基础研究及材料开发具有重要的现实意义。改善室温脆性是Fe-Al金属间化合物应用于工程材料所要解决的重要课题。尽管已有研究发现，采用合金化技术可以有效地提高Fe-Al金属间化合物的强韧性并一定程度上明确了合金化对力学性能影响的机理，然而从原子和分子层面对合金元素在Fe-Al金属间化合物中固溶、在晶界处的偏析以及合金元素析出相与基体作用机理方面，尚缺乏系统的研究。

在此背景下，近年来，作者以改善Fe-Al金属间化合物的强韧性为主要研究目标，基于量子力学的密度泛函理论以及由Pauling金属价键理论基础上发展而来的固体与分子经验电子理论，研究合金元素Cr、Mo对Fe-Al金属间化合物力学性能特别是强韧性影响的规律，从理论上系统探索合金元素对Fe-Al金属间化合物的强韧化机理。本书将这些研究成果，包括参与中国国家自然科学基金，以及主持江苏省六大人才高峰项目和青蓝工程项目时，所获得的研究成果，集结成书。从固溶强化、晶界偏析以及相界面强化的角度，系统阐述了Cr、Mo对B_2型FeAl以及DO_3型Fe_3Al的强韧性作用机制，主要研究内容如下：

（1）分别基于密度泛函理论及固体与分子经验电子理论研究了合金元素 Cr、Mo 固溶对 B_2-FeAl 和 DO_3-Fe_3Al 相的力学性能和电子结构的影响；

（2）基于密度泛函理论研究了合金元素 Cr、Mo 对 B_2-FeAl 和 DO_3-Fe_3Al 晶界的稳定性、偏聚行为、韧性以及电子结构的影响；

（3）基于密度泛函理论研究了析出相 Mo 和合金相 Cr_2Al 分别对 B_2-FeAl 以及 DO_3-Fe_3Al 相形成的相界面的稳定性、力学性能以及电子结构的影响；

（4）基于密度泛函理论研究了合金元素 Cr、Mo 对 FeAl/Fe_3Al 相界面的稳定性、力学性能以及电子结构的影响。

在完成本书研究内容的过程中，获得了南京航空航天大学姚正军教授和张平则教授的悉心指导。在此对姚老师和张老师表示衷心的感谢。同时，感谢国家自然科学基金、江苏省"六大人才高峰"项目和"青蓝工程"项目基金的资助，以及东南大学出版社姜晓乐编辑的辛苦工作。

由于时间匆促，书中难免存在疏漏之处，欢迎广大专家和读者批评指正。

作　者

2019.11

目　　录

第1章 绪 论

航空航天、汽车、能源以及电子等工业的快速发展,使人们对材料的性能提出越来越高的要求。研发出在高温下使用的、具有良好的发展前景和可观的经济价值的结构材料,已成为当前材料研究的重要方向之一。金属间化合物普遍具备高温下高的比强度和比刚度,优良的耐腐蚀性、耐磨性以及抗高温氧化性,是目前研究较多的高温结构材料[1-5]。

自20世纪30年代至今,对金属间化合物的研究大多集中在 Ti-Al、Ni-Al 和 Fe-Al 这三大合金体系中[2,6-8]。然而,由于 Ti-Al 以及 Ni-Al 金属间化合物的价格昂贵,目前仍主要应用于航空航天等领域。相比之下,Fe-Al 金属间化合物原料丰富、成本低廉,且具有强度高、密度小、抗氧化及耐腐蚀性能优良等诸多优点,具有广阔的应用前景[9-11]。室温脆性是制约 Fe-Al 金属间化合物应用的主要问题,因此提高 Fe-Al 的韧性具有重要意义。

Fe-Al 金属间化合物中主要包括两种相结构:B_2 型的 FeAl 金属间化合物以及 DO_3 型的 Fe_3Al 金属间化合物。目前,国内外研究人员在两者的制备工艺[12]、室温脆性改善[13-14]以及增加高温强度[10]等方面已经进行了研究并取得了一些成果。

1.1 铁铝金属间化合物概述

1.1.1 铁铝金属间化合物晶体结构与性能

Fe-Al 的相图[15]如图1.1所示。铁铝金属间化合物中的长程有序相主要有两种:B_2 型 FeAl 相和 DO_3 型 Fe_3Al 相以及无序相 α-Fe(Al) 相[16-17]。在室温下,Al 的含量在 22.5%～33%(原子数百分比,以下涉及含量时,不做说明的均为原子数百分比)范围内呈现 DO_3 结构,而 Al 含量在 33%～51% 范围内则呈现 B_2 结构。

当温度在 540 ℃ 以上时,Al 的原子百分比在 22.5%~51% 范围内则为 B_2 结构[18],B_2 型结构的成分范围宽,同时 B_2 型结构在大约 1 200 ℃ 下基本不发生相变,因此具有很好的相稳定特性。而室温和高温下,Al 的含量在 18%~20% 以下则为无序的 α-Fe(Al) 固溶相。DO_3 型结构向 B_2 型结构的转变温度 t_c 随合金的成分而异,最高约为 550 ℃,而 B_2 与 α-Fe(Al) 结构的转变温度约为 750 ℃。

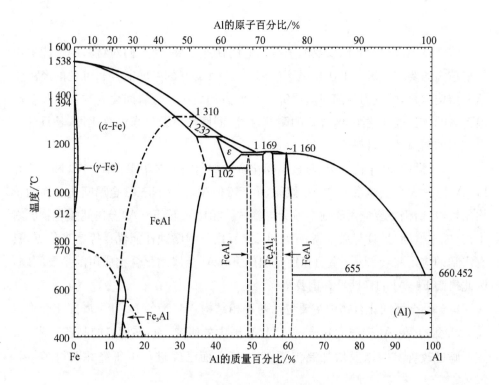

图 1.1　Fe-Al 二元相图[15]

图 1.2 显示了 B_2 结构 FeAl 及 DO_3 结构 Fe_3Al 的空间点阵结构。B_2 型 FeAl 相空间群为 pm-3m,图 1.2 中,当 $(\alpha_1 = \alpha_2) \neq (\beta = \gamma)$ 时为 B_2-FeAl 点阵结构,化学计量比下 Al 原子居于体心位置(如图 β 和 γ 的位置),而 Fe 原子则位于顶点位置(α_1 和 α_2 的位置),当 Fe 的含量高于计量比,则多出的 Fe 会占据 Al 的亚点阵位置,而当 Al 含量高于计量比时,将形成 Fe 亚点阵上的一个错排 Al 原子以及 Al 亚点阵上的一个空位对[19]。B_2-FeAl 的晶格常数为 $\alpha_0 = 0.286$ nm[20],B_2-FeAl 的密度为 5.56 g/cm³,弹性模量为 259 GPa,有较高的比强度以及比模量、良好的抗

氧化以及耐腐蚀性能,然而 B_2-FeAl 的室温和高温强度不及高强钢以及镍基高温合金。此外,由于铁铝所具有的特殊超点阵位错结构,当使用常规工艺制备时,其合金塑性比较低,不易进行加工[21-23]。

DO_3 型 Fe_3Al 相空间群为 fm-3m,图 1.2 中,当 $\beta \neq \gamma$ 时为 DO_3-Fe_3Al 点阵结构,Al 居于 γ 位置,Fe 居于 α_1、α_2 和 β 位置,共有两种类型,其中居于 α_1 和 α_2 位置的 Fe 为相同类型的 Fe 原子,而居于 β 位置的 Fe 则属于另一种类型。DO_3-Fe_3Al 的密度为 6.72 g/cm^3,其硬度相对较低,HRC 值在 25 以下,然而 Fe_3Al 的加工硬化速率高,呈现出比较理想的耐磨性。

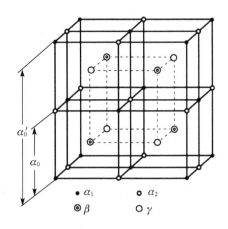

α_1　　　α_2
β　　　γ

图 1.2　Fe-Al 的空间点阵结构[24]

陆永浩等[15]以及 Washburn[25]总结了 Fe-Al 金属间化合物滑移与位错的情况。室温下,B_2-FeAl 与 DO_3-Fe_3Al 的滑移系均为 $\langle 111 \rangle \{110\}$。

B_2 结构的 FeAl 的全位错是 $a\langle 111 \rangle$,其位错的分解模式如模式①所示。

模式①:$a\langle 111 \rangle \rightarrow \dfrac{a}{2}\langle 111 \rangle + \dfrac{a}{2}\langle 111 \rangle + NNAPB$

而 DO_3 结构的 Fe_3Al 全位错则为 $2a\langle 111 \rangle$,因为其柏氏矢量大且应变能高,因此其结构中的位错有两种分解模式,分别为模式②和模式③。

模式②:$2a\langle 111 \rangle \rightarrow a\langle 111 \rangle + a\langle 111 \rangle + NNNAPB$

模式③:$2a\langle 111 \rangle \rightarrow \dfrac{a}{2}\langle 111 \rangle + \dfrac{a}{2}\langle 111 \rangle + \dfrac{a}{2}\langle 111 \rangle + NNNAPB + 2NNAPB$

模式①、模式②和模式③中,NNAPB(Nearest Neighbouring Antiphase Boundary)的含义为最近邻反相畴,而 NNNAPB(Next Nearest Neighbouring

Antiphase Boundary)的含义为次近邻反相畴。

Fe-Al 晶体中存有少量没有进行分解的单位位错,这些位错在变形中会形成模式①和模式②所示的两段位错,或者如模式③所示的四段位错。随着变形量增加,反相畴尺寸将随之减少,此时位错将从四段转为两段,直至最终转为单根位错。而若反相畴界能较低时,则反相畴界会变宽,此时若发生变形则容易发生交滑移,进而位错变为不完全的位错。

1.1.2 铁铝金属间化合物性能

铁铝金属间化合物的主要优点包括[2, 26-30]:

(1) 铁铝金属间化合物的密度相比很多不锈钢更低,具有更高的比强度。

(2) 在 SO_2 和 H_2S 气体中,铁铝金属间化合物的抗硫化性能优于很多铁基以及镍基合金。

(3) 随着温度的升高,铁铝金属间化合物表现出很高的电阻率。

(4) 铁铝金属间化合物呈现出优良的抗氧化性。

(5) 在潮湿环境中表现出优良的耐腐蚀性能。

作为工程材料应用的主要制约因素是铁铝金属间化合物的脆性。

1.1.2.1 铁铝金属间化合物抗硫化性能

Lang 等[31-32]采用粉末冶金/热挤压复合法制备 Fe-40Al 片,重点研究在不同腐蚀条件下的抗硫化性能。一方面,将该片放置在温度为 1 000 ℃ 的 N_2-11.2O_2-7.5CO_2 混合环境中 6 h,在该气氛中分别加入 1×10^{-4}、5×10^{-4} 和 2×10^{-3} 的 SO_2。结果表明,在硫化腐蚀早期,合金表面形成了 Al_2S_3、θ-Al_2O_3 和 α-Al_2O_3 的腐蚀产物,随着腐蚀时间进一步延长,θ-Al_2O_3 逐渐转变为 α-Al_2O_3,部分 Al_2S_3 也与 O_2 反应生成 Al_2O_3 和 S。其硫化增量曲线符合抛物线规律,混合环境中无论 SO_2 含量多少,抛物线的氧化速率常量始终介于 $5.5 \times 10^{-12} \sim 7.2 \times 10^{-12} kg^2/(m^4 \cdot s)$ 之间,说明此时铁铝金属间化合物受 SO_2 的影响不大,呈现较好的抗硫化性能。然而 Fe-Al 合金表面存在尚未反应的 Al_2S_3,因而比较容易脱落,若将铁铝金属间化合物表面进行预氧化处理之后再放置于含 SO_2 的环境中,则可使合金表面包覆着致密的 Al_2O_3 层,从而实现提高合金的抗硫化能力。另一方面,将 Fe-40Al 片放入含体积比为 0.052%~9.7%H_2S 的 H_2-H_2S 气氛中,加热到 1 000 ℃,同样发现铁铝表现出优异的抗 H_2S 腐蚀性,这是因为 Al 首先与气氛中的水或氧气发生反应生成 Al_2O_3 包覆在合金的表面。当温度低于 800 ℃ 时，Al_2O_3 可以保护合金不发生硫化腐蚀，而当温度升高超过 900 ℃ 时，合金则表现出轻微的硫化腐蚀。上述实验表明，Fe-40Al 的合金在 1 000 ℃ 以下表现出比较好的抗 H_2S 腐蚀性。

1.1.2.2 铁铝金属间化合物抗氧化性

至今，各国材料科学工作者已经就铁铝金属间化合物的抗氧化性进行了较为系统的研究[33-34]。Lang 等[35]对 Fe-40Al 合金在 1 073~1 473 K 温度范围的抗氧化性进行了研究，结果显示，Fe-Al 表现出很好的抗高温氧化性，这是由于在氧化过程中 Fe-Al 表面会形成致密的 Al_2O_3 保护膜，而 Al_2O_3 膜可以阻止基体被进一步氧化，同时 Al_2O_3 膜还具有良好的化学稳定性。有关铁铝抗氧化性的其他研究显示，从温度的角度可以把铁铝的氧化行为划分为三段：(1)温度低于 1 223 K 阶段，随着氧化的时间延长，铁铝合金的氧化速率出现先升高再降低的现象，这是由于氧化早期合金表面首先生成了 $\alpha\text{-}Al_2O_3$ 和 $\theta\text{-}Al_2O_3$，其中 $\theta\text{-}Al_2O_3$ 属于亚稳相，随着温度继续上升同时保温时间延长，$\theta\text{-}Al_2O_3$ 将逐渐向 $\alpha\text{-}Al_2O_3$ 相转变[36]，直至温度达到一定时，将仅生成 $\alpha\text{-}Al_2O_3$，而 $\alpha\text{-}Al_2O_3$ 的生成速率比较低，所以氧化速率将随之下降[37]。(2)温度介于 1 273~1 332 K 范围时，氧化遵循式(1.1)的抛物线规律。(3)温度超过 1 423 K 以后，抛物线的氧化速率常量出现了随着氧化时间的延长而减小的趋向。

$$(\Delta W/S)^2 = K_p \cdot t + C \qquad (1.1)$$

式中：$\Delta W/S$ 为单位面积增重(mg/cm^2)；K_p 为抛物线氧化速率常量；t 为氧化时间(h)；C 为常数。

有研究发现，将 Fe-Al 放置于 1 100 ℃ 的空气中氧化 50 h 后，铁铝表面形成由 Al_2O_3 和 Al_2O_3＋AlN 组成的双层氧化物。从反应热力学角度分析，是由于 Al 活性大，在高温下既可与 O_2 反应，也可与 N_2 反应[38]。

1.1.2.3 铁铝金属间化合物的脆性断裂与低拉伸塑性的原因

制约铁铝金属间化合物作为工程材料应用的主要因素是其脆性断裂与低拉伸塑性。

与 DO_3 型 Fe_3Al 相比，B_2 型 FeAl 的脆性更明显，B_2 型 FeAl 的脆性主要与以下 4 个因素有关：

(1)滑移系的数量不足，从而造成滑移困难[39-40]。材料变形通常需要 5 组独立滑移系,如前所述,B_2 型 FeAl 的室温滑移系是 $\langle 111 \rangle \{110\}$,而高温下则有 $\langle 001 \rangle \{110\}$ 及 $\langle 001 \rangle \{010\}$ 两组滑移系。室温时,$a\langle 111 \rangle$ 全位错将分解成夹有邻近反相筹 $\{APB\}$ 的 $a/2\langle 111 \rangle$ 不全位错对;由于在位错芯附近位移不仅出现在滑移面,同时也出现在与其相交的 3 个 $\{110\}$ 面和顶端所延伸的 $\{112\}$ 面,故滑移困难。

(2)晶界的脆性。Liu 等[41]研究发现,随 Al 含量的升高,FeAl 的本征晶界脆性成为限制其韧性提高的重要原因。Cohron 等[42]对 FeAl 的本征力学性能进行了研究,发现当 Al 的含量超过 37% 时,在真空和纯氧环境下,FeAl 都呈现本征脆性,而开裂方式由穿晶解理转为沿晶解理,说明 FeAl 存在晶界脆性的问题。

(3)环境氢脆性。环境氢脆性体现在影响韧性和解理面两个方面。在影响材料韧性方面,1989 年 Liu 等首次发表了 Al 含量在 40% 以下的 FeAl 具有本征延性,研究结果表明空气中的湿气是导致材料韧性差而发生解理断裂的主要原因[43]。在室温空气环境中,Fe-36.5%Al 的延伸率仅为 2.2%;而在室温真空环境下,合金的延伸率是 8%;若在干燥氧气中进行拉伸测试,则延伸率可达 18%[14]。因此,Liu 认为环境致脆是由于空气中的水与铝原子发生化学反应:$2Al + 3H_2O \longrightarrow Al_2O_3 + 6H$,生成的 H 原子侵入裂纹,诱发氢脆而使材料失效。FeAl 在干燥氧气中表现出高延伸率是由于 Al 与 O_2 的反应取代了 Al 与 H_2O 的反应,具体的反应式为 $4Al + 3O_2 \longrightarrow 2Al_2O_3$,因此降低了 H 原子的产生,减少发生氢脆[14]。在影响材料解理面方面,FeAl 在潮湿空气中断裂主要沿 $\{100\}$ 面解理,在真空环境随着 Al 含量从 35% 升高至 50%,解理断裂面从 $\{100\}$ 面转为 $\{110\}$ 面,表明潮湿环境中的氢促使 FeAl 的 $\{100\}$ 面发生解理断裂[44-45]。Li 和 Liu[46]研究发现 FeAl 间隙中存在的氢促使在 $\{100\}$ 面形成裂纹,由于 B_2 型 FeAl 中氢原子的偏聚降低了 $\langle 010 \rangle$ 位错能,从而增强了 Cottrell 机制形成 Cottrell 气团。Munroe 和 Baker[47]也得到类似的研究结果。

(4)空位致脆。经高温热处理和快速冷却后,Al 含量达到 38% 以上的 FeAl 中形成热空位[48-50]。Yang 等[51]研究了空气环境和真空环境下由于快速冷却造成的热空位对 Fe-40Al 脆性的影响,淬火热空位由 1.3×10^2 增加到 6.2×10^2 时,常温下真空中 FeAl 的延伸率由 7.4% 降至 2.9%,而在空气中延伸率则由 0.7% 降至 0.1%。说明塑性在空气中明显下降是由于氢脆造成的。

DO_3 型的 Fe_3Al 由于其主要滑移系 $\langle 111 \rangle \{110\}$ 能够提供多晶体塑性变形需要的 5 个以上独立滑移系,因此 Fe_3Al 呈本征韧性,然而其室温下塑性也较差,其脆性的主要原因为以下 2 点:

（1）与有序态以及变形时所产生的反相畴界为裂纹提供通道有关[52]。Fe₃Al的断裂模式为沿晶断裂与穿晶断裂相混合,尽量避免碳位于间隙位置,从而减少沿晶断裂以便提升 Fe₃Al 的韧性,此外 Fe₃Al 有序态具有本征易解理断裂的特点[53]。

（2）环境氢脆性[13,54]。DO₃ 型的 Fe₃Al 环境氢脆性机理与前文中的 FeAl 相同[55-56]。

1.2　铁铝金属间化合物强韧化的研究

根据对 Fe-Al 金属间化合物脆性断裂以及低塑性原因的分析,可以得到设计出强韧性 Fe-Al 材料的基本原则如下[14]:(1)控制 Al 的含量;(2)细化晶粒;(3)形成起保护作用的表面涂层;(4)温度高于 400 ℃时,减缓冷却速度,以减少热空位;(5)添加其他元素进行合金化等。其中合金化是改善 FeAl 金属间化合物韧性的非常重要的方法,国内外学者在实验和理论方面进行了广泛的研究[57-64],常用的合金元素有 Cr、Mn、Co、Ti、B、Nb、Mo、Ta、Zr、Hf 等。

从机理上分析,Fe-Al 金属间化合物有以下几种强韧化机制:固溶强化、析出强化、弥散强化和细晶强化。

美国橡树岭国家实验室以及美国国家航空航天局(NASA)路易斯研究中心对添加的合金元素进行了分类,Titran 等人[57]以添加量为 5%作为限度对元素周期表中的主要过渡族金属元素进行了试验,然后将其分为三类:第一类是能与铁铝基体完全互溶,包括 Cr、Mn、Co 及 Ti 等;第二类为合金元素在铁铝基体中形成第二相,比如 Nb、Ta、Zr、Hf 及 Re 等,这些元素可以大幅提高材料的高温流变应力;第三类元素属于高熔点元素,这些元素不溶于铁铝基体,W 和 Mo 等属于此类。而 Mo 在其他研究中也可以按一定比例固溶于 Fe-Al,Diehm[58]采用空冷式熔模铸造的方法分别制备了 Fe-27.2Al-1.5Mo 合金试样,以及 Mo 和 Ti 溶解度在 2%～13%的试样,并测试了 650 ℃时的应力-应变关系和屈服强度。

本书按照合金元素在基体中的占位以及强化机理的不同,将合金化的机理分为固溶强化机理、晶界强化机理以及第二相强化机理来分别阐述。

1.2.1　合金元素的固溶强化及其机理

固溶体是指合金组元溶入基体合金晶格后形成的均匀相。基体金属的晶格在形成固溶体后会出现不同程度的畸变，然而其晶体结构的基本类型保持不变。因而，可从不同角度将固溶体进行分类：按合金组元原子存在位置不同，将固溶体分为替代固溶体和间隙固溶体；按溶解度分为有限固溶体和无限固溶体；还可以依据基体金属与合金组元的原子分布方式分为有序固溶体和无序固溶体。实际材料中大部分为替代固溶体、有限固溶体以及无序固溶体。替代固溶体的溶解度是由合金组元与基体金属的晶体结构差异、原子大小差异、电化学性差异和电子浓度因素决定的。而间隙固溶体的溶解度则是由基体金属的晶体结构类型、晶体间隙的形状、大小和合金组元的原子尺寸决定的[59]。

有些元素固溶于基体中，基体材料的强度、硬度或强韧性有提升，这种现象被称为固溶强化。合金元素对 Fe-Al 金属间化合物的固溶强化机制主要有以下几点：

(1) 合金元素固溶引起 Fe-Al 基体弹性模量、扩散系数、内聚力和晶体缺陷等方面的改变，增大了位错滑移的阻力。此外，合金元素还具有改变有序相转变温度的作用。作为合金组元研究较多的 Cr、Mo、V 及 Ti 等元素被认为在铁铝中具有比较大的固溶度[10]，在固溶度范围内若抑制其析出，则固溶强化是这些合金组元的主要增强机制。在原子含量为 26%Al 的铁铝中分别添加多种元素研究其固溶强化作用，结果表明，添加 2%的 Cr、V、Mo 及 Ti，温度在 600 ℃时铁铝的屈服应力出现提升。此外，研究发现添加合金元素 Mo，可提高 Fe-Al 合金在 600 ℃下的蠕变性能。Baker 等[56, 60]研究发现 Cr 在 Fe-40Al 中的溶解度为 6%，继续增加 Cr 的含量则形成 Cr_2Al 相，当 Cr 原子含量为 5%时，FeAl 的强度有所提高，并降低其环境敏感性。当添加 2%～6%Cr 在 Fe-28Al 合金中，可明显改善材料加工性能，并提高其韧性[61]。Cr 的原子含量仅为 2%时也可提高 Fe-Al 的塑性[65]。

含有 2%的 Mo 有固溶强化 Fe-Al 的作用[10]，固溶 4%的 Mo 于 Fe_3Al 中可提高 Fe_3Al 的强度，但使其变脆[66]。微量的 Mo 与 C、Zr 及 Ti 的添加对 Fe-40Al 合金具有提高其抗蠕变性的作用[67]。Fuchs 和 Stoloff[68]研究发现添加 Mo 提高 Fe-Al 的硬度及其抗高温蠕变性能，同时会降低其室温塑性。姚正军等[69]也认为 Mo 的加入提高了 Fe-Al 强度的同时降低了室温塑性。然而对塑性的影响也有不同的研究结论，Morris[70]添加 Mo 与 Zr 用于提高 FeAl 的高温强度和室温韧性；而McKamey 等[71]研究发现，在 650 ℃和 138 MPa 应力时，对比 Fe-28Al 与 Fe-28Al-2Mo，添加 Mo 后延伸率由 37%提高至 44%，抗蠕变性能由 0.5 h 延长至 49.9 h。

Cr 和 Mo 的组合使用对于铁铝同样具有强化作用,姚正军等[69]研究了 Cr、Mo 及 Nb 等常用元素的加入对 Fe_3Al 合金的有序转变温度 t_c 的影响,发现单独添加 Cr 时,其含量对 Fe-Al-Cr 三元合金的 t_c 温度并无显著影响;而将 Mo、Nb 加入 Fe_3Al 中则会导致其 t_c 温度的升高;在 Fe-Al-Cr-Mo 四元合金中,Mo 与 Cr 的良好匹配有效地提高 Fe_3Al 的 t_c 温度。Stoloff[7]认为 Si 和 Mo 固溶于 Fe_3Al 均可提高其 t_c 温度。

(2) Fe-Al 金属间化合物的变形主要是由位错滑移产生的,因此通过增大位错滑移阻力可以使变形抗力增大,以此实现材料的强化。合金元素固溶于基体金属的晶格后,使晶格发生畸变,同时增加了位错的密度。畸变所带来的应力场以及位错周围的弹性应力场出现相互作用,在位错线周围,合金元素原子聚集形成"气团"[58]。合金组元通过影响这种相互作用,改变了 NNAPB 的宽度,以此影响铁铝的有序度以及交滑移能力。Cr 增宽了 NNAPB,使交滑移容易进行,从而提高了 Fe_3Al 的塑性[13]。Mo 和 Ti 元素的加入使 NNAPB 变窄。添加的合金元素会使 APB 出现各向异性,并且改变位错的柏氏矢量方向,从而影响铁铝的力学性能,例如,Ti 与 Mo 添加后柏氏矢量变为〈110〉[58]。此外合金化也会对 Fe_3Al 位错组态产生影响,Liu 等[62]在 Fe-28Al-4Cr 合金中发现 Cr 加入后反相畴界能下降,交滑移更容易发生,以此改善了 Fe_3Al 基合金的室温塑性。

(3) 合金组元的原子和位错之间还会发生电交互反应以及化学交互反应。Balasubramaniam[72-73]通过电化学方法确认了 Cr 对 Fe_3Al 具有减弱氢脆性的作用,从而提高了 Fe_3Al 的塑性。

Ni、V、Ti、Mn、Cr、Fe 等元素以 1% 和 5% 的含量固溶于 B_2 型 FeAl 金属间化合物,具有强化作用[74-75]。

1.2.2 晶界对强韧性的作用机理

1.2.2.1 晶界的结构

固体材料中大部分属于多晶体,这些多晶体是由许多晶粒组成的,将这些晶粒分割开的边界则被称为晶界。晶界的厚度通常只有两三个原子层厚,属于固体中的面缺陷。由于相邻晶粒的主轴发生诸如倾侧或扭转等相对转动时所产生的取向差有异,可以把晶界的微观结构分为小角晶界和大角晶界。小角晶界可以用位错模型简单地加以描述。大角晶界为相邻晶粒位向差大于 10° 的晶界,如图 1.3 所示。大角晶界的模型主要包括重位点阵模型(CSL 模型)、O 点阵模型以及位移移动重位模型等几何模型[76]。

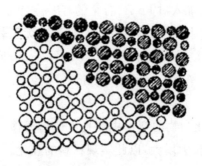

图 1.3　大角晶界结构示意图

CSL 模型是研究较多的一种晶界模型。CSL 晶界结构用 Σ 值表述，Σ 值为重位密度的倒数，通常 Σ 值为奇数，Σ 值越小则其界面能越低。表 1.1 列出了部分立方晶体低 Σ 值的转动轴、转动角和孪晶面的对应结果[77]。

表 1.1　立方晶体 CSL 晶界结构的部分 Σ 值、孪晶面、转动轴和转动角

Σ	孪晶面	转动轴	转动角 $\theta/°$
1	(100)和(110)	任意	n
3	(111)和(211)	[111]	60
5	(210)和(310)	[100]	36.87
7	(321)	[111]	38.21
9	(221)和(411)	[110]	38.94
11	(311)和(332)	[110]	50.48

晶界、位错和其他缺陷与杂质之间的相互作用，使得多晶体材料在塑性变形、强度、断裂、疲劳、蠕变以及脆性等力学性质方面与单晶材料相比出现很大差异，这种差异即反映出晶界带来的影响。关于晶界对力学性质影响方面，吴希俊进行了系统总结[78]，通过深入研究晶界结构对力学性质的影响，分析多晶材料中分布的各种晶界类型，从而控制晶界的类型，并增加对力学性质有利的晶界结构、减少有害的晶界结构，进行晶界设计。材料的性能还可以通过控制晶界中的杂质偏聚的方法加以改变，或者通过减小晶粒度来改善材料的力学性能。

苏钰[79]等研究了不同退火温度下孪生诱发塑性钢（TWIP 钢）经过冷轧变形再结晶组织的晶粒取向差、晶界特征以及织构变化。研究发现，随着退火温度的升高，Σ1 类型的晶界出现减少，而 Σ3 类型的孪晶界和 Σ9 类型的晶界开始增加。此外，在材料中还存在一定量的 Σ7、Σ11、Σ13、Σ17 以及 Σ21 等的 CSL 晶界。Σ3 晶界的增加证明了再结晶的晶核与基体存在孪生取向关系。低 Σ 值的 CSL 晶界结合力强且能量较低，可以有效阻挡裂纹沿晶界的扩展，引起穿晶断裂，可以解释 TWIP 钢高塑性以及韧性出现穿晶断裂的原因。

1.2.2.2　晶界对多晶体塑性变形的影响

晶界对多晶体的塑性变形的影响可以归纳为如下原因：晶界对滑移起阻碍作用，晶界引起多滑移，晶界发射和吸收位错，晶界滑动，晶界迁移，晶界杂质偏聚。

（1）晶界对滑移的阻碍

材料在变形过程中，位错在晶界处的运动受到阻碍，滑移线在晶界处出现停止，表现为晶界阻碍滑移，该现象被称为位错在晶界的塞积。晶界阻碍滑移的现象是由晶体结构引起的。在诸如六方结构这类滑移系较少的晶体中，晶界阻碍滑移的影响很大。而对于诸如面心和体心立方晶体等滑移系较多的晶体，这种影响则不那么明显。

Hall、Petch[80-81] 提出，随着晶界角增大，晶界阻碍滑移的影响也增大。由于晶界阻碍多晶体变形，因此晶粒越细，则晶界所占的面积就越大，阻碍滑移的效应也越大。

（2）晶界引起多滑移

晶界使多晶的变形不均匀。为了既保持邻近晶粒间变形的连续性，而又使晶界上不产生裂纹，变形会在晶界附近引起多滑移，这种现象是激活了晶体内部滑移系所造成的。多晶体的塑性变形虽然力求均匀，但是由于各晶粒具有不同的取向，以及各晶粒之间的取向差和晶界结构的差异，这些均在各晶粒内部以及各晶界的变形处出现微观上的不均匀性。Urie 和 Wain[82] 测量了多晶铝的晶内和晶界处的局部伸长量，结果表明晶界处和晶粒内部的伸长量不同，横跨晶界两边的伸长量为连续变化。

（3）晶界发射与吸收位错

Murr[83] 在不锈钢中观察到晶界上的"坎"向晶内发射全位错和部分位错，提出了 Frank-Read 位错源增殖机制，并且指出晶界的作用不仅限于位错塞积群的障碍作用。由于镜像力的作用，位错自晶界处发射后受到的阻力逐渐增强，到达晶界附近引起交滑移，则硬化区出现，这种现象被称为"晶界区硬化"。另外，当晶界上"坎"的密度过大时会促进滑移，导致"晶界软化"。综上所述，晶界可以成为产生位错的起源,也可以成为吸收位错的尾闾。有实验表明,混乱晶界吸收晶格位错速度最快,相符晶界吸收晶格位错速度最慢。随着温度的升高,位错将更容易出现攀移,进一步促进了晶界对位错的吸收。

（4）晶界滑动

晶界滑动是指相邻的两个晶粒在剪应力的作用下,沿晶界所产生的滑动。葛庭燧等[84]证实了晶界内耗峰的存在、晶界内耗峰与晶界滑动有关,以及晶界内耗峰是由于晶界粘弹性滑动引起的。Biscondi[85]证明了晶界滑动与晶界的类型及其取向有关。

（5）晶界迁移

晶界迁移是指在外应力或热运动驱动力的作用下晶界向界面垂直方向的运动,通常与晶界滑动同时出现。实验证明,晶界迁移与晶界结构有关[86]。

（6）晶界杂质偏聚

由于晶界区域原子排列的畸变较大,相应的自由能也较高,因此杂质或合金原子较易从基体向晶界处扩散以便降低晶界能,不同合金原子的偏聚对晶界能影响的分歧较大[87]。有些杂质或合金原子容易在晶界偏聚,一般说来该类杂质或合金原子在晶界处的浓度比体浓度高,这种晶界偏聚现象与金属和杂质的种类有关。易于偏聚的情况下,杂质偏聚主要集中在晶界附近,偏聚浓度随着离晶界的距离增大而快速减小[78]。

由于 Cr 易于在晶界处偏聚,故添加 Cr 使晶界处的应力集中增大,因而断裂仍表现为穿晶断裂。Cr、Mn 和 Mo 等元素在 Fe_3Al 晶界掺杂大幅强化晶界,从而抑制室温时的沿晶脆性发生,其中 Cr 的韧化能力最强[88]。添加少量的 B 对 FeAl 在室温的抗拉伸强度和延伸率有提升作用,并且可以改善其韧性,而断裂方式由沿晶断裂变为穿晶断裂,其原因是 B 偏聚于晶界,从而起到了净化晶界的作用[89-93]。然而由于除了晶界脆弱以外,环境因素也是 FeAl 脆性的重要原因,Liu 等研究发现 B 偏析于 FeAl 晶界抑制了沿晶断裂,在空气中将韧性由 1.2% 提升至 4.3%,而在氧气环境下韧性可提升至 16.8%[94]。对合金进行预氧化处理或者添加 Zr、B 等元素有利于消除氢脆性,从而提高室温塑性[95]。Mg、B 偏聚于 FeAl 晶界以及 Fe_3Al 晶界,具有强化晶界的作用[96]。邓文等[97]研究了 B、Zr 以及 Si 等元素对 FeAl 晶界的影响:B 的原子尺寸较小,易于偏聚在 FeAl 晶界,对晶界处价电子浓度和晶界结合力有提升作用,且改变 FeAl 的室温拉伸端口从沿晶类型至穿晶类型;Zr 的添加则增加了 FeAl 中的金属键作用,在晶界处提高了自由电子的浓度,此外降低了 FeAl 的有序度,易化使晶界弛豫更容易,从而减小晶界缺陷的自由体积; Si 的原子半径较大,在 FeAl 中 Si 不易于形成间隙原子,通常替代 Al 原子,此外 Si 具有较大的电负性,在晶界处使邻近原子形成较强的共价键,并减少参与形成金属键的自由电子数,从而减弱了金属键的合力,使 FeAl 明显脆化。王译[88] 采用机械合金化和常压氩气气氛保护烧结相结合的方法,制备了可改善力学性能的 Fe₃Al 合金,并对 Fe₃Al 中微量元素晶界偏析效应进行了理论研究。研究发现,Fe-28%Al 中出现亚稳态 Fe(Al)固溶体是由于机械合金化过程中所产生的晶格畸变能、晶界能以及无序能造成的,同时在机械合金化过程中所形成的晶界、表面和缺陷都大幅降低了扩散活化能,使 Al 在 Fe 中实现了低温扩散。此外,理论研究表明,Ti、Nb 在晶界的掺杂显著弱化晶界,增加了 Fe₃Al 在室温下的沿晶脆性。

1.2.3 相界面结构以及第二相强化机理

相界是指在热力学平衡条件下,不同的相与相之间的交界区域。沉淀强化与细晶强化等的强化机理与相界面的结构与其对力学性能的影响有关。

(1) 相界面的结构

相界面结构一般可以分为共格相界面、准共格相界面以及非共格相界面[98]。

① 共格相界面

共格相界面是指当两种相具有相同或近似的晶格结构,而且错配度即晶格常数差小于 5% 时,相界面附近的原子出现形变,使界面两侧原子的排列保持一定相位关系的相界面类型,图 1.4(a)为共格相界面的示意图。共格相界面为特殊的低能态界面,结构特征表现为界面上的原子处于两侧晶格的结点上,即界面上的原子为两者共有,界面两侧相的晶格点阵彼此连接。

② 准共格相界面

准共格相界面为界面两侧的相具备相同或近似的晶体结构,这两种相的错配度即晶格常数的误差小于 10%,相界面附近的原子通过扩张或者收缩等形式保持界面两侧原子排列具备一定相位关系。准共格相界面的特点为沿着相界面每隔一定距离有规律地出现一个刃型位错,而除刃型位错线上的原子外,其余原子都是共格的,图 1.4(b)为准共格相界面的示意图。

③ 非共格相界面

非共格相界面为两种相的晶体结构相差较大,并且错配度大于 10% 时所形成的相界面。图 1.4(c)为非共格相界面的示意图。

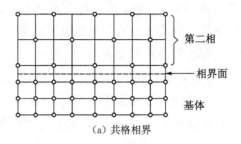

（a）共格相界

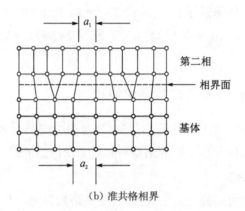

（b）准共格相界

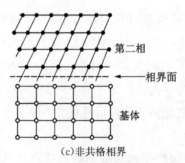

（c）非共格相界

图 1.4　相界结构图[98]

（2）第二相对材料性能方面影响的机理

　　工业上使用的合金大多为复相或多相合金，这些合金的显微组织为在固溶体基体上分布着第二相。通过添加合金元素并且经过塑性加工以及热处理等获得第二相，通过粉末冶金等方法也可获得第二相。大部分的第二相为较为硬脆的、晶体结构复杂且熔点较高的金属化合物，第二相还可以是与基体不同相的另外一种固溶体。第二相通常会提高合金的强度,这种强化效应通常与第二相的特性、大小、数量、形状以及分布有关系,与第二相和基体相的晶体学匹配程度、界面能、界面结合等状况也有关系,这些因素间又相互作用和影响,因此机理非常复杂。不是所有的第二相都具有强化基体的作用,当第二相的强度较高时,才对基体起强化作用。若第二相为难以变形的硬脆相时,合金的强度则主要取决于硬脆相的存在情况。第二相为等轴状且细小均匀地弥散分布时,其强化效果最好;而第二相为粗大、沿晶界分布或呈现粗大针状时,则强化效果不好,甚至使合金脆化[99]。

弥散分布型多相合金是指第二相细小且弥散分布在基体相晶粒中的合金。沉淀强化是指过饱和固溶体进行时效处理时,沉淀出弥散的第二相所引发的强化作用;而弥散强化则是指通过粉末冶金方法加入弥散第二相引发的强化作用。弥散分布型合金中,若第二相的微粒不易发生变形,则每个位错在经过该微粒时将留下一个位错环,这个错位环会对位错源进行一个反向应力,使位错滑移的阻力增加,并提高强度,且存在强化作用与第二相微粒间距成反比的关系。因此可以通过减小微粒尺寸或者提高第二相微粒的体积分数来提高合金的强度,即所谓的奥罗万机制,由 E. Orowan 首先提出。当第二相的微粒可以发生变形时,则位错可以切过微粒使其和基体一起发生变形,此时,强化作用主要取决于微粒本身的性质及其与基体之间的联系,其强化机制是:由于第二相与基体相的晶体结构不同,位错切过第二相微粒时在其滑移面上形成原子排列的错配,使滑移阻力增加。另外当位错切过微粒时,均使微粒产生表面台阶,其宽度为位错柏氏矢量,并且由于微粒与基体间界面面积的增加,需要相应的能量。此外,若微粒为有序结构,则位错切过微粒时在滑移面会产生反相畴界,而反相畴界能高于微粒与基体间界面能。微粒周围的弹性应力场与位错的交互作用增加了位错滑移的阻力。微粒的弹性模量也与基体不同,若微粒的弹性模量较大,将增大位错滑移的阻力。此外,微粒的尺寸和体积分数会对合金的强度产生影响,增大微粒尺寸和体积分数有利于强化合金[58]。

实验研究也证实了 Fe-Al 金属间化合物中存在的不同相界面。Fe_3Al/Al_2O_3 复合材料的能量色散 X 射线能谱分析(Energy Dispersive X-Ray Spectroscopy, EDS)面的扫描电子显微镜(Scanning Electron Microscope, SEM)图如图 1.5 所示,经过分析得知 Fe_3Al 相主要分布在灰色区域,Al_2O_3 相则主要分布在边界处的白色区域,此外,白色区域内也含有少量的 Fe_3Al 相,Fe_3Al 相和 Al_2O_3 相在白色区域掺杂分布[100]。

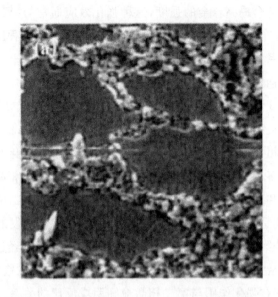

图 1.5 Fe₃Al/Al₂O₃复合材料 EDS 面的 SEM 图[100]

Morris 等研究发现了如图 1.6 所示的不同状态下 Fe-20Al-5Cr-0.5Zr 合金的微观结构。其中图 1.6（a）为室温变形 1%～2%铸态组织，从微观形貌可明显看出各种偶极和小的回路，其产生原因是位错被富 Zr 颗粒分割所致。图 1.6（b）为退火条件下拉伸材料，发现在 700 ℃退火 100 h 形成细颗粒沉淀物；图 1.6（c）为900 ℃退火 1 h 后形成较粗大颗粒沉淀物[101]。

刘强[102]采用机械合金化制备 Fe₃Al 粉体，并与特定比例 TiC 粉体通过球磨混合均匀。研究发现，Fe₃Al 将 TiC 颗粒包裹成内晶，或 TiC 颗粒处于 Fe₃Al 晶界处。处于晶界处的 TiC 钉扎于 Fe₃Al 晶界，可以有效抑制高温时晶界的迁移，对 Fe₃Al 晶粒尺寸起稳定作用。上述机理可以视为 Fe₃Al/TiC 复合材料获得较好力学性能的原因。在 Fe₃Al/TiC 复合材料中添加 TiC 存在着 Hall-Petch 和 Orowan 两种强化机制，其中 Hall-Petch 强化机制起主要作用。

Fe-Al 合金中，加入 Ti、Zr、Nb 和 Ta 等第三组元的溶解度是有限的，因此可通过诸如 Laves 相的另一种金属间化合物析出强化 Fe-Al 基合金。有研究发现 2%～6% Ta、0～45% Al 的 Fe-Al-Ta 合金中生成了具有 C₁₄结构的三元 Laves 相 Ta(Fe，Al)₂，少量的 Laves 相结合原子有序化提高了 Fe-Al 合金的屈服强度[103]。富铁的两相 Fe-Al-Zr 合金，随着 Al 含量的增加，合金中由初期的二元 Fe-Al 相变为由三元 Laves 相 Zr(Fe，Al)₂ 或 τ₁ 相 Zr(Fe，Al)₁₂组成，Laves 相和

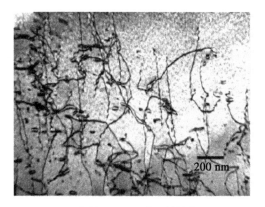

(a) 室温下1%~2%变形的铸态

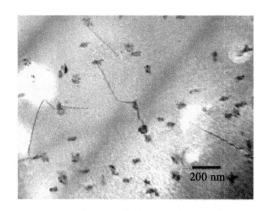

(b) 700 ℃退火100 h 后

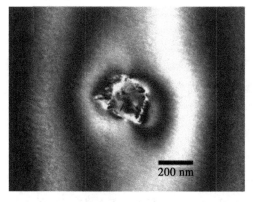

(c) 900 ℃退火1 h 后[101]

图 1.6　Fe-20Al-5Cr-0.5Zr 合金中沉淀微观结构的 TEM 图

τ_1 相都作为增强相,大幅提高了屈服应力及脆韧转变温度[104]。Wang 等[63]采用铝热法制备了 Fe-Al-Cr 纳米晶合金,Cr 的质量含量分别为 5%、10% 和 15%,研究发现合金中含有 Fe-Al-Cr 纳米晶基体和析出相 Cr_7C_3,Cr 的质量含量为 15% 时具有最好的塑性形变能力。Baker 等[56, 105]发现 Cr 在 Fe-40Al 中的溶解度为 6%,继续添加 Cr 则形成 Cr_2Al 析出相。Mo 有细化晶粒、作为沉淀相强化 Fe-Al 的作用[64]。前述的 Titran 等[57]认为在含量在 5% 以下时,Mo 为沉淀相,对 Fe-Al 有强化作用。Fe-28Al-5Cr 合金中添加 Mo、Nb、Zr、B 和 C 的研究[106]显示 Fe-Al 的特性对这些元素敏感,一些元素的组合有细化晶粒、提高结晶温度和强化基体的作用。

1.3 理论研究现状

1.3.1 基于第一性原理和密度泛函理论的研究

(1) 固溶合金元素对材料的力学性能、热力学性能及电子结构等影响的研究

弹性常数可以作为预测材料力学性能的一项重要依据,因此正确计算弹性常数可以更准确地预测材料的弹性性质。Shang 等[107]采用 VASP 软件分别基于广义梯度近似(General Gradient Approximation,GGA)和局域密度近似(Local Density Approximation,LDA)交换关联函数计算了 $\alpha\text{-}Al_2O_3$ 和 $\theta\text{-}Al_2O_3$ 的弹性刚度常数,发现基于 LDA 计算的结果更准确。Shang 等[108]采用 VASP 软件基于 GGA 交换关联函数计算了 76 种体心、面心和密排六方结构的纯晶体元素的弹性常数,并且采用 Birch-Murnaghan 方程进行拟合。Ponomareva 等[109]基于全电子技术,研究了 Re 元素不同含量固溶于 B_2 型 NiAl 中的弹性常数、体模量、剪切模量、杨氏模量和 Pugh 模量等力学性质以及 Re 元素的不同含量对 NiAl 电子结构的影响。Panda 等[110]基于密度泛函理论采用 WIEN2K 软件包,建立正交晶系 TiB 的晶体模型,计算了独立的 9 个弹性常数,从而推断出其力学性能,分析其电子结构。

Ding 等[111]基于密度泛函理论采用模守恒赝势描述离子芯与价电子的相互作用,交换关联能分别采用 GGA-PBE 和 LDA 交换关联函数计算,研究了 $Fe_2P\text{-}TiO_2$ 的力学性能、硬度以及电子结构。Zhang 等[112]基于密度泛函理论、超软赝势,采用 CASTEP 软件包,交换关联能分别采用 GGA 和 LDA 交联函数计算,通过形

成熔和能量-体积拟合曲线预测 B31-IrSi 较 B20-IrSi 更稳定,研究了 B31 和 B20 这两种相的 IrSi 的弹性常数和弹性模量,并分析了各自的电子结构。Wang 等[113] 基于密度泛函理论计算了不同温度下的面心立方体金属氮化物的弹性常数和弹性性质。

Medvedeva 等[114]基于第一原理研究了 Ti、V、Cr、Mn、Fe、Co、Y、La 和 Zr 添加至 FeAl 中的优先占位、失配参数以及各合金元素体系的弛豫能。Fuks 等[115] 基于密度泛函理论采用 WIEN2K 软件包,交换关联能采用 GGA 交换关联函数计算,研究了分别添加 Cr、V 及 Ni 至 B_2-FeAl 的热力学稳定性,计算确定了合金组元的优先占位、空位形成情况,通过混合能计算确定合金元素添加后的热力学稳定性。Sc,Ac 等稀土元素固溶可以提高 FeAl 的塑性和硬度[116]。

第一性原理可以用来探索 FeAl 的电荷密度以及原子成键。Fu 和 Painter[117] 基于第一性原理计算研究发现,间隙中存在的氢从铁原子得到电子并且降低了多达 70% 的{100}面解理强度,这一结果与实验获得的结果一致[45-46]。

(2) 晶界强化作用的研究

近年来,有一些研究采用第一性原理等的理论计算方法,探讨了 bcc 结构的 Fe 中合金元素对晶界结合力的影响[118-121]。E. Wachowicz 等人基于第一性原理研究了 $\Sigma5(210)$Fe 晶界处 B、N 及 O 杂质偏析对材料性质的影响。M. Yuasa 等人基于第一性原理对 Al、Cu 以及 P 在 $\Sigma3(111)/[1\bar{1}0]$Fe 晶界偏析的效应进行了研究[122]。Reddy 等人研究了 Ti、Cr、Mn、Co、V 和 Ni 等合金元素替代 Fe_3Al 中 Fe(I)和 Fe(II)位置 Fe 原子的热力学性能[123]。Chentouf 等[124]建立了 DO_3-Fe_3Al $\Sigma5(310)[001]$的晶界模型,基于第一性原理,赝势采用超软赝势,软件采用 VASP,交换关联能采用 GGA-PW91 交联函数计算,研究了合金元素 Ti 和 Zr 的优先替代位置和替代能,通过研究预测了 Ti 和 Zr 在合金中的稳定位置。北京科技大学的 He 等[125]基于缀加平面方法,采用 VASP 软件包,交换关联能采用GGA-PBE 交联函数计算,研究了体心立方体 Fe 中多 H 的 $\Sigma3(111)$晶界处 Cr 的偏析作用,研究发现晶界处 Cr 减少了 H 的聚集。

(3) 相界面的理论研究

唐杰等[126]基于密度泛函理论研究了杂质 S 对 Fe/Al_2O_3 界面的影响,研究发现,Fe/Al_2O_3 相界面的结合受界面两侧的 Fe 及 O 原子间相互作用的影响较大,S 在界面处的偏析减弱了 Fe 和 O 原子间相互作用,且 S 引起 Fe 和 O 间较强的静电排斥,因此导致了界面结合力的下降等 S 在界面偏聚处剥离的机理。彭艳等[127]建立了 Fe/Al 相界面模型,基于密度泛函理论,计算了体系能量与电子结构,分析了合金组元在 Fe/Al 相界面的作用。孙飞[128]研究了镍基单晶高温合金中 γ/γ' 相界面的成分分布特征、精细结构和位错网结构特征,研究了镍基单晶高温合金中的 TCP 相界面形成与结构、基体/TCP 界面成分特征与结构特征,研究了合金组元于 γ' 相内及在 γ/γ' 相界面的分配行为与强化机制,以及合金元素在 γ/TCP 相界面的分配行为。Li 等[129]采用第一性原理及超软赝势方法,软件选取 CASTEP 模块,交换关联能分别采用 GGA-PW91、GGA-PBE 和 LDA-CAPZ 交联函数计算,研究了 α-Ti(0001)/TiC(111) 界面的界面能、界面断裂韧度以及成键属性等内容,研究表明了界面扩散机理,预测了最大界面断裂韧度以及成键属性。

1.3.2　基于固体与分子经验电子理论的研究

自 1978 年余瑞璜院士提出固体与分子经验电子理论(Empirical Electron Theory of Solids and Molecules,EET)及键距差(Bond Length Difference,BLD)分析法[130]以来,研究人员采用该理论研究材料的价电子结构、理论键能等性质的报道很多。

本书总结了一些采用 EET 对 Fe-Al 进行研究的成果。张建民在博士论文中[131]系统地研究了 Fe-Al 二元合金的价电子结构、相变与脆性,采用余氏理论计算了纯 Fe、Fe_2Al_5 与 $FeAl_6$ 的熔点,以及 γ-Fe 和 δ-Fe 的相变点,从键结构及键能角度对 Fe_3Al 与 FeAl 的相对脆性、断裂模式及氢致脆性进行了研究。张建民等[132]采用该理论计算了 Fe_3Al 与 FeAl 金属间化合物的价电子结构和键能,分析了电子分布和晶体键络特性与这两种相室温脆性的关系,研究发现 FeAl 和 Fe_3Al 的脆性与晶体结构和键络特性有很大关系。Fe-Al 金属间化合物的晶格电子数较 α-Fe 的少,为 Fe-Al 呈现脆性的原因,因此采用含晶格电子数多的组元进行合金化,可以提高 Fe-Al 的塑性。尹衍升等[133]基于余氏经验电子理论建立了价电子结构模型,对 Fe-28Al 和 Fe-28Al-5Cr 合金的价电子结构进行了研究,并与实验结果进行比较,研究发现 Cr 添加后与其他原子的键络增强明显,表明了 Cr 对 Fe-Al 合金有固溶强化的作用。

EET 也广泛地应用于其他材料的研究。Liu 等[134]基于该理论及 BLD 分析方法,研究了 $MoSi_2$ 的价电子结构和理论键能,通过 Nb 固溶的原子模型分析了 $(Mo_{0.95},Nb_{0.05})Si_2$ 的价电子结构和理论键能,研究发现 Nb 的加入改变了 Mo 与 Si 的杂化状态及价电子结构参数,此外,Nb 加入后提高了 $MoSi_2$ 的价电子数比率,表明 Nb 增加了 $MoSi_2$ 的强度,同时 Nb 的加入降低了 $MoSi_2$ 的晶格电子比率,表明 Nb 的加入降低了 $MoSi_2$ 的塑性。Peng 等[135]基于经验电子理论,采用键络模型分析了 $MoSi_2$ 基固溶合金的价电子结构,研究发现增加 W 的含量改变了 Mo 和 Si 的杂化状态,而对 W 的杂化状态没有影响;提高 W 含量增加了合金中主要成键的键能、最强共价电子数以及共价电子数比率。这些结构表明 W 的增加提高了熔点、硬度和强度,同时降低了 $MoSi_2$-W 的断裂韧度。清华大学的 Ye 等人[136]基于经验电子理论研究获得了 Al_3Ti 和 Al_3Sc 的价电子结构,从理论上解释了铝合金中 Al_3Ti 和 Al_3Sc 的不同形貌,研究表明,Al_3Ti 生长为针状是由于其价电子结构的各向异性,而 Al_3Sc 的对称形貌是由于其价电子结构的高度对称性,此外这两者不同的价电子结构使得 Al_3Ti 具有较 Al_3Sc 大得多的尺寸。

1.4 选题依据、主要研究内容和技术路线

1.4.1 课题的提出

铁铝金属间化合物具有强度高、抗高温氧化、耐热腐蚀和耐冲蚀等优异性能,此外,与其他金属间化合物相比,还具有成本低廉的优势。制约铁铝金属间化合物大量投入工业化应用的瓶颈是其强韧性尚不能满足一些苛刻服役环境的要求。尽管已有研究发现,采用合金化技术可以有效地提高铁铝金属间化合物的强韧性并一定程度上明确了合金化对力学性能影响的机理,然而在原子和分子层次对合金元素在铁铝金属间化合物中固溶、在晶界处的偏析以及合金元素析出相与基体作用机理方面,尚缺乏系统的研究。

在此背景下,本书以中国国家自然科学基金"Cr、Nb 对 Fe-Al 涂层增韧作用及其机制研究"(项目编号: 51371097)做支撑,以改善 Fe-Al 金属间化合物的强韧性为主要研究目标,基于量子力学的密度泛函理论以及由 Pauling 金属价键理论基础上发展而来的 EET,研究合金元素 Cr、Mo 对 Fe-Al 金属间化合物力学性能特别是强韧性影响的规律,从理论上系统探索合金元素对 Fe-Al 金属间化合物强韧化机理。预期的成果将有力地推动 FeAl 高温涂层的实用化进程,对提高许多在苛刻服役条件下运行的重大装备和设备(如航空发动机、热电、内燃机等)运行周期和寿命具有重要的意义。

1.4.2 技术路线与主要研究内容

本书以 B_2-FeAl 和 DO_3-Fe$_3$Al 作为研究对象,以探索合金元素对 Fe-Al 金属间化合物强韧化作用机理为目标,本课题基于第一性原理的密度泛函理论以及固体与分子经验电子理论,系统研究了 Cr、Mo 对 B_2-FeAl 和 DO_3-Fe$_3$Al 的固溶强化、晶界和相界偏析以及析出强化机理的影响。拟定的技术路线如图 1.7 所示。

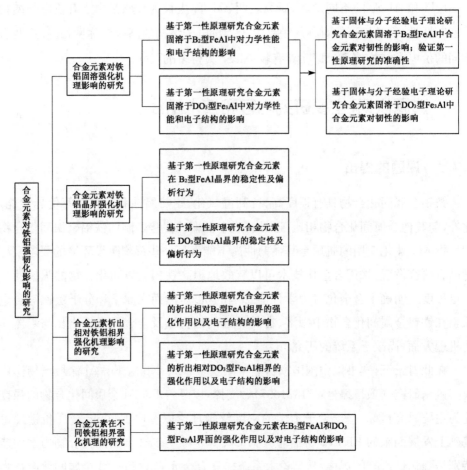

图 1.7 技术路线图

本书主要包括以下研究内容:

(1) 分别基于密度泛函理论及固体与分子经验电子理论研究了合金元素 Cr、

Mo 固溶对 B_2-FeAl 和 DO_3-Fe_3Al 相的力学性能和电子结构的影响。

（2）基于密度泛函理论研究了合金元素 Cr、Mo 在 B_2-FeAl 和 DO_3-Fe_3Al 晶界的稳定性、偏聚行为、韧性以及电子结构的影响。

（3）基于密度泛函理论研究了析出相 Mo 和合金相 Cr_2Al 分别与 B_2-FeAl 以及 DO_3-Fe_3Al 相形成的相界面的稳定性、力学性能以及电子结构的影响。

（4）基于密度泛函理论研究了合金元素 Cr、Mo 对 FeAl/Fe_3Al 相界面的稳定性、力学性能以及电子结构的影响。

第2章　密度泛函理论以及相关软件

量子力学建立于20世纪初期,是研究原子、分子、电子、原子核和基本粒子等微观粒子结构、性质和运动规律的理论,在量子力学理论基础上发展了量子化学、计算物理和计算材料学等理论。量子化学是基于量子力学研究从原子和分子到高分子材料和固体表面等大规模体系物质的结构、物理性质以及反应等各种化学问题的学科。研究物质电子状态的化学学科符合量子力学规律。薛定谔方程(Schrödinger equation)是量子力学的一个基本假设与方程,为物质波概念与波动方程相结合所建立的二阶偏微分方程,用于描述微观粒子的运动,解该方程可以得到波函数的具体形式及其相应的能量。然而实际应用时,由于材料中存在大量粒子,以及粒子具有复杂的电子结构,使对薛定谔方程严格求解非常困难。因此,通常近似求解薛定谔方程,求近似解的方法主要可以分为三大类:一是第一性原理,二是价键理论,三是分子轨道理论。本研究采用的理论方法分别基于第一性原理和价键理论。

本书所采用的理论之一是基于密度泛函理论的第一性原理;所采用的理论之二为基于价键理论的固体与分子经验电子理论,这部分理论的相关内容在第4章中详述。本章主要介绍第一性原理以及密度泛函理论,包括绝热近似、Hartree-Fock方程、Hohenberg-Kohn定理、Kohn-Sham方程以及交换关联泛函等内容,此外,介绍本书基于密度泛函理论研究时所采用的Materials Studio软件以及其量子力学模块CASTEP。

2.1　第一性原理与密度泛函理论

第一性原理是随着计算机的发展而建立起来的基于量子力学原理、通过近似处理求解薛定谔方程的计算方法。广义的第一性原理包括从头算和密度泛函理论两类。从头算是指仅采用电子质量、光速以及质子和中子质量等少数数据,而不采用其他经验参数,以 Hartree-Fock 自洽场计算为基础进行的量子计算方法。从头算方法具有准确性等优点,然而由于计算量巨大其计算速度受到影响。密度泛函理论是实际应用较多的方法,该理论建立在 Thomas-Fermi 模型基础上,用电荷密度代替波函数作为描述体系的基本变量,通过 Kohn-Sham 方程求薛定谔方程的近似解。

2.1.1　绝热近似

计算材料科学中的第一性原理是基于量子力学原理,根据电子和原子核等微观粒子相互作用以及运动规律,通过一系列近似处理对薛定谔方程求解的方法。

薛定谔方程是量子力学中的基本方程,也称波动方程,通过波函数确定体系的状态,多粒子体系的薛定谔方程如式(2.1)。

$$H\Psi(r,\ R) = E^{H}\Psi(r,\ R) \tag{2.1}$$

在式(2.1)中,r 和 R 分别表示所有电子和原子核坐标的集合 $\{r_i\}$ 和 $\{R_i\}$。若不考虑其他外力场的作用,则 Hamilton 量(H)应包括体系中所有原子核和电子的动能(H_N, H_e)以及原子核与电子之间的相互作用能(H_{e-N}),Hamilton 量(H)表示为式(2.2)。

$$H = H_e + H_N + H_{e-N} \tag{2.2}$$

式(2.2)中,H_N 或 H_e 分别只出现原子核坐标 R 或电子坐标 r,然而 H_{e-N} 既出现原子核坐标又出现电子坐标。如果能只考虑原子核或电子坐标中的一项,可以简化薛定谔方程,然而由于式(2.2)中的 H_{e-N} 相与其他两项具有同样的数量级,因此不能简单地去掉此项。由于原子核的质量为电子的 1 000 倍以上,且速度比电子慢很多,因此电子高速运动时可以认为原子核处于平衡位置振动,即电子运动对原子核绝热。基于这种分析,玻恩(M. Born)和奥本海默(J. E. Oppenheimer)提出了绝热近似(也称玻恩-奥本海默近似)[137]。绝热近似的主要思想是,将电子和原子核的相互作用分为电子运动与原子核振动这两部分考虑,当考虑原子核振动时只需考虑电子的平均密度分布,此时电子处于电子和原子核叠加而成的平均势场中。而在考虑电子运动时假设原子核被固定于某个瞬时位置。因此可以说电子运动与原子核运动相互独立,两者没有关系。通过绝热近似得到的多电子薛定谔方程为式(2.3)。

$$\left[-\sum_i \frac{1}{2}\nabla^2_{ri}+\sum_i V(r_i)+\frac{1}{2}\sum_{i,i'}\frac{1}{|r_i-r_{i'}|}\right]\varphi = \left[\sum_i H_i+\sum_{i,i'}H_{ii'}\right]\varphi = E\varphi$$

$$(2.3)$$

式(2.3)采用原子单位，$\sum_i H_i$ 和 $\sum_{i,i'}H_{ii'}$ 分别为单粒子和双粒子算符，$H_{ii'}$ 表示电子间的相互作用，求 $H_{ii'}$ 相为解方程的难点。

2.1.2　Hartree-Fock 方程

绝热近似是通过分离电子运动与原子核运动，将固体电子问题转变为多电子的问题加以考虑，这种思想一定程度上简化了对薛定谔方程的求解，然而简化后的薛定谔方程仍然难以求解。通过 Hartree-Fock 近似可以进一步将多电子问题简化为单电子问题，使薛定谔方程求解更加方便。不考虑式(2.3)中的 $H_{ii'}$ 相，薛定谔方程可简化为式(2.4)。

$$\sum_i H_i\varphi = E\varphi \tag{2.4}$$

式(2.4)中的波函数是单电子波函数 $\varphi_i(r_i)$ 的连乘积，记为式(2.5)。

$$\varphi(r) = \varphi_1(r_1)\varphi_2(r_2)\cdots\varphi_N(r_N) \tag{2.5}$$

式(2.5)为 Hartree 波函数，是多电子薛定谔方程的近似解，这种近似被称为 Hartree 近似。式(2.5)中的单电子波函数 $\varphi_i(r_i)$ 满足式(2.6)的单电子 Hartree 方程。

$$\left[-\nabla^2+V(r)+\sum_{i'(\neq i)}\int dr'\frac{|\varphi_{i'}(r')|^2}{|r'-r|}\right]\varphi_i(r) = E_i\varphi_i(r) \tag{2.6}$$

式(2.6)描述了 r 处单个电子处于原子核的作用势 $V(r)$ 以及其他电子的平均势 $\sum_{i'(\neq i)}\int dr'\frac{|\varphi_{i'}(r')|^2}{|r'-r|}$ 中的运动，此时，整个体系的能量表示为式(2.7)。

$$E = \sum_i\langle\varphi_i|H_i|\varphi_i\rangle+\frac{1}{2}\sum_{i,i'}\langle\varphi_i\varphi_{i'}|H_{ii'}|\varphi_i\varphi_{i'}\rangle \tag{2.7}$$

Hartree 波函数中没有体现电子交换反对称性，加入电子交换反对称性后单电子方程可以写为式(2.8)，该方程即 Hartree-Fock 方程。

$$\left[-\nabla^2+V(r)\right]\varphi_i(r)+\sum_{i'(\neq i)}\int dr'\frac{|\varphi_{i'}(r')|^2}{|r'-r|}\varphi_i(r)-\sum_{i'(\neq i)}\int dr'\frac{\varphi_{i'}^*(r')\varphi_{i'}(r)}{|r'-r|}\varphi_i(r)$$
$$= E_i\varphi_i(r) \tag{2.8}$$

　　Hartree-Fock 近似的基本思想是着眼于固体中的一个电子,将这个电子所受到的作用归结为由离子实、除该电子外的其余电子和交换势 3 个部分组成的势场中。Hartree-Fock 方程比 Hartree 方程多出一项交换相互作用项,该项包含了电子与电子的交换相互作用,以此实现多电子薛定谔方程到单电子有效势方程的转化。

2.1.3　Hohenberg-Kohn 定理和 Kohn-Sham 方程

　　薛定谔方程发表后的第 2 年,即 1927 年,Thomas 和 Fermi[138-139] 提出了 Thomas-Fermi 模型,该模型建立在均匀电子气基础上,采用电荷密度代替波函数作为描述体系的基本变量,这也是密度泛函理论的基础。Hohenberg 和 Kohn 于 1964 年在 Thomas-Fermi 模型的基础上,建立了较为严格的密度泛函方法。Hohenberg-Kohn 定理用来描述密度泛函方法,证明了多电子体系的基本性质和电荷密度之间存在唯一的对应关系[140],为研究多电子体系开辟了新的途径。Hohenberg-Kohn 理论可以归结为以下两个定理:

　　定理一:粒子数密度 $\rho(r)$ 是决定系统基态物理性质的基本变量,即诸如能量、波函数等多粒子体系的基态性质均由 $\rho(r)$ 唯一确定,表示为式(2.9),E 为体系基态能量,$E[\rho(r)]$ 为能量泛函。

$$E = E[\rho(r)] \tag{2.9}$$

　　定理二:能量泛函 $E[\rho(r)]$ 在粒子数不变的情况下对粒子数密度函数 $\rho(r)$ 取极小值,且其数值与基态能量 $E_G[\rho(r)]$ 相等。对于任意一个特定的粒子密度,可以确定一个对任一外势都成立并且依赖于粒子密度的泛函,体系的基态能量为能量泛函的极小值,对应的粒子密度则为体系的基态粒子密度。

　　借助以上两个定理,体系的基态能量泛函可以用粒子数密度函数 $\rho(r)$ 表示为式(2.10)。

$$E_v[\rho(r)] \equiv \int dr v(r)\rho(r) + T[\rho(r)] + \frac{1}{2}\iint dr dr' \frac{\rho(r)\rho(r')}{|r-r'|} + E_{xc}[\rho(r)] \tag{2.10}$$

　　式(2.10)右边四项分别为多粒子体系与外场的相互作用能量、粒子动能泛函项、粒子间的库伦相互作用以及交换关联能泛函。$E_{xc}[\rho(r)]$ 表示所有没有包含在无相互作用粒子模型中的相互作用项,此泛函为普适的未知量。

Hohenberg-Kohn 定理可以通过多粒子体系基态物理性质的基本变量来确定系统的基态,有三项内容需要确定:(1)粒子数密度 $\rho(r)$;(2)体系中粒子动能的泛函 $T[\rho(r)]$;(3)交换关联能泛函 $E_{xc}[\rho(r)]$ 。Kohn-Sham 方程解决了上述 3 项内容中的(1)和(2)两项,第(3)项内容可以在"2.1.4 局域密度近似与广义梯度近似"中解决。

Kohn-Sham 方程[141]是由 Kohn 和沈吕九提出的求薛定谔方程近似解的重要方程,由式(2.11)、式(2.12)和式(2.13)组成,其基本思想为:假设存在一个已知的无相互作用粒子的动能泛函 $T_s[\rho(r)]$,该泛函的密度函数与相互作用系统的密度函数相同,则可以使用该泛函代替动能泛函 $T[\rho(r)]$ 。将 T 与 T_s 之间的差异中不能转换的部分合并至 $E_{xc}[\rho]$ 中,即可实现。此外,采用 N 个单粒子波函数 $\psi_i(r)$ 来构造密度函数 $\rho(r)$,表示为式(2.11)。式(2.12)是依据 Hohenberg-Kohn 理论定理二中的 $E_G[\rho(r)]$ 对 $\rho(r)$ 的变分为零得到的方程,式(2.12)中的 V_{eff} 为有效势,表示为式(2.13),其中第二项和第三项分别为库仑势和交换关联势。

$$\rho(r) = \sum_{i=1}^{N} \left| \psi_i(r) \right|^2 \tag{2.11}$$

$$\{ -\nabla^2 + V_{\text{eff}}[\rho(r)] \} \psi_i(r) = E_i \psi_i(r) \tag{2.12}$$

$$V_{\text{eff}}[\rho(r)] \equiv v(r) + V_{\text{coul}}[\rho(r)] + V_{xc}[\rho(r)]$$

$$= v(r) + \int \mathrm{d}r' \frac{\rho(r')}{|r-r'|} + \frac{\delta E_{xc}[\rho]}{\delta \rho(r)} \tag{2.13}$$

Kohn-Sham 方程的求解过程为,由式(2.12)求出 $\psi_i(r)$,再根据式(2.11)构成基态密度函数。基于 Hohenberg-Kohn 定理获得的基态密度函数,可以进一步确定该系统基态的波函数、能量以及各物理量算符期待值。Kohn-Sham 方程中的交换关联能泛函 $E_{xc}[\rho(r)]$ 包括了多粒子体系中相互作用的所有复杂性,因此 Kohn-Sham 方程为严格描述。

2.1.4 局域密度近似与广义梯度近似

Kohn-Sham 方程式是密度泛函理论的基础,它将复杂的多体问题转化为量子单体问题,并将所有相互作用归纳为相互作用能,所以确定准确的交换相关项 E_{xc} 函数描述十分重要。交换相关项可以分为相关部分 E_c 以及交换部分 E_x 两个部分。相关项与交换项的比例约为 1 : 9,即交换项的作用更为突出。虽然交换相关泛函的准确形式相当复杂,然而若采用某些合理的近似,可以得到许多能够反映物理本质的泛函形式,局域密度近似(LDA)泛函与广义梯度近似(GGA)泛函就是较为泛用的近似。

2.1.4.1 LDA 泛函

Kohn-Sham 提出的 LDA 是一种简单可行的近似。LDA 的基本思想为通过均匀电子气密度函数得到非均匀电子气的交换关联,在处理电荷密度变化不大的体系时这种近似的结果比较准确。交换相关能可以表示为式(2.14)。

$$E_{xc} \cong E_{xc}^{LDA} = \int \rho(r) E_{xc}(\rho(r)) \mathrm{d}r \qquad (2.14)$$

式(2.14)中 E_{xc} 为 r 点处的交换关联能密度,其为该点处电荷密度的函数。若采用电荷密度为 ρ 的均匀电子气来取近似,则交换能部分可以表示为式(2.15),其中 $(4\pi/3)r_s^3 = 1/\rho$ 为经典电子半径。

$$E_x(\rho) = -\frac{3}{4}\sqrt[3]{\frac{3\rho(r)}{\pi}} = -\frac{0.458Ry}{r_s} \qquad (2.15)$$

LDA 近似在均匀电子气的条件下严格成立,与 GGA 近似相比较,LDA 假设体系的电荷密度均匀,不考虑电荷密度的梯度变化,由此计算电荷密度比较均匀且晶格常数较大的体系时,LDA 可以有效地保证计算精度并且提高运算效率。

2.1.4.2 GGA 泛函

LDA 泛函建立在均匀电子气的假设基础上,然而各种体系的电荷密度并不完全均匀,因此若要提高计算的精度,需要考虑不均匀性所带来的误差,这种误差的校正可以通过在交换相关能中引入电荷密度梯度来进行,这就是 GGA 泛函,可以表示为式(2.16)。

$$E_x^{GGA} = E_x^{LDA} - \sum_\sigma \int F(x_\sigma) \rho_\sigma^{4/3}(r) \mathrm{d}^3 r \qquad (2.16)$$

用 $x_\sigma = |\nabla\rho_\sigma|\rho_\sigma^{-4/3}$ 来表示公式中的约化梯度。按照 F 的不同形式,GGA 交换能泛函可以分为两类。其中一类是由 Becke[142]于 1988 年提出的如式(2.17)所示的泛函,其中 $\beta = 0.0042$。另一类是采用有理函数 F。前者交换能泛函中较为典型的有 PW91[143-144]、CAM(A)以及 CAM(B)[145]、FT97[146]等,后者交换能泛函中较为典型的有 B86[147]、P86x[148]、LG[149]、PBE[150]等。

$$E_x = E_x^{LDA} - \beta \sum_\sigma \int \rho_\sigma^{4/3} \frac{x_\sigma^2}{1 + 6\beta x_\sigma \operatorname{arcsinh} x_\sigma} \mathrm{d}^3 r \qquad (2.17)$$

应用比较多的 GGA 相关能泛函有 Perdew 等[151]提出的形式以及 LYP 形式，LYP 形式采用将相关能的局域部分与非局域部分合并在一起加以计算的方法[152]。Perdew 和 Wang 的表达式为式(2.18)。

$$E_c^{PW} = E_c^{LDA} + \int d^{-1} e^{-\phi} C[\rho] \mid \nabla\rho \mid^2 \rho^{-4/3} d^3 r \qquad (2.18)$$

式中：ϕ，d 和 $C[\rho]$ 通过式(2.19)进行计算。

$$\phi = 1.745 \times 0.11 \times C[\infty] \mid \nabla\rho \mid / (C[\rho]\rho^{7/6})$$

$$d = 2^{1/3} \left[\left(\frac{1+\xi}{2} \right)^{5/3} + \left(\frac{1-\xi}{2} \right)^{5/3} \right]^{1/2} \qquad (2.19)$$

$$C[\rho] = a + (b + \alpha r_s + \beta r_s^2)(1 + \gamma r_s + \delta r_s^2 + 10^4 \beta r_s^3)^{-1}$$

式中：a，b，α，β，γ，δ 这六个基本参数值可以通过拟合实验获得。

与 LDA 泛涵相比，由于 GGA 泛函对电荷密度的梯度变化加以处理，因此对于电荷密度变化较大的体系，GGA 泛函可以更好地保持计算的精度，所计算的晶格常数以及优化的晶体结构可以更加准确。在本研究工作中，对晶胞结构以及超晶胞结构进行计算的时候，主要选用了 GGA 泛函，在第 3 章中对 LDA 与 GGA 泛函加以对比分析时，结果也显示 GGA 泛函的计算结果更为准确。

2.2　Materials Studio 软件和 CASTEP 模块

本书中基于密度泛函理论的研究采用 Materials Studio 软件和其中的 CASTEP 量子力学模块，下面对 Materials Studio 软件以及 CASTEP 模块进行简要介绍。

2.2.1　Materials Studio 软件

Materials Studio 为 BIOVIA 公司所有，是用于材料科学等研究的分子模拟软件，是该领域中主流的商业软件。该产品有以下几个主要特点[153]：

（1）可视化建模模块

Materials Visualizer 模块作为 Materials Studio 的图形化界面，提供了较为便捷地搭建和调整诸如晶体、表界面、小分子和聚合物等多种三维可视模型的途径，并且还提供了对多种结构文本文件格式导入和导出功能。本研究中基于密度泛函理论计算部分的模型均通过 Visualizer 模块搭建。图 2.1 为本书 5.2.2 中采用本模块搭建 FeAl/Mo 相界面模型时编辑界面的截图。

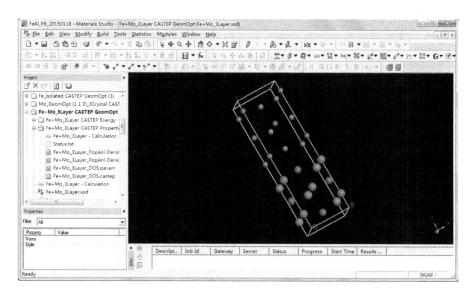

图 2.1　采用 Materials Visualizer 建模界面截图

（2）具有多尺度的模拟模块

Materials Studio 具有从纳观、微观直至介观的多尺度模拟模块，其中基于量子力学方法的模块能够处理数百至数千个原子模型，主要包括：CASTEP、Dmol3、Qmera 等模块；基于分子力学方法模拟的模块可以处理数千至上万个原子的模型，主要包括 GULP 和 COMPASS II 等模块；此外，还有基于介观方法的介观动力学模块，主要包括 Mosocite 和 MesoDyn 模块等。本书主要应用 CASTEP 模块。

2.2.2　CASTEP 模块

CASTEP 是由剑桥凝聚态理论研究组基于密度泛函理论开发的量子力学程序[154-155]，采用平面波赝势方法，即用平面波函数来描述价电子，采用赝势替代内层电子，该程序可应用于材料科学、固体物理和化学等领域，用于研究金属、陶瓷等晶体结构，还可以研究合金化、表界面等缺陷结构。

CASTEP 的主要功能如下：

（1）结构优化：也称几何优化。能够优化晶格常数以及原子坐标，支持原子分数坐标、晶格常数、键长和键角等参数。

（2）力学性质的计算：能够计算弹性常数、体模量以及剪切模量等参数。

（3）电子结构的解析：能够计算获得电子态密度、电荷密度、差分电荷密度以及能带结构等电子结构分析信息。

（4）热力学性质的计算：计算声子态密度、色散谱等与热力学性质分析相关的信息。

（5）还具有介电性质、光学性质以及动力学计算等功能。

本书主要应用其中的结构优化、力学性质计算以及电子结构解析等功能。

第 3 章　Cr、Mo 对 FeAl 和 Fe$_3$Al 电子结构和力学性能的影响

3.1　引言

　　本章基于密度泛函理论,分别研究了 Cr、Mo 对 B$_2$-FeAl 以及 DO$_3$-Fe$_3$Al 金属间化合物力学性能影响的电子结构机理,系统地计算了 Cr、Mo 替代 Fe 或 Al 原子的结合能、合金化前后的弹性常数以及模量,拟合了体模量等平衡态性质。在 Fe$_3$Al 的研究部分,分别采用 LDA 泛函和 GGA 泛函加以计算,经过研究分析,确定了准确的交换关联函数。探索了 Cr、Mo 对 FeAl 相以及 Fe$_3$Al 相力学性能的影响及其态密度和电荷密度分布规律,揭示了 Cr、Mo 固溶对 FeAl 以及 Fe$_3$Al 力学性能影响的微观机理。

3.2　计算方法与计算模型

3.2.1　计算方法

　　计算采用 2.2.2 中记述的量子力学程序包 CASTEP,所有原子赝势采用超软赝势,采用 BFGS(Broyden Fletcher Goldfarb Shanno)共轭梯度法进行电子弛豫,在快速傅立叶变换(Fast Fourier Transform,FFT)网格上,采用自洽迭代(SCF)方法进行计算。平面波截断能和 K 点网格数是对计算结果精确度影响最大的参数,为了尽可能获得准确的计算结果同时平衡计算效率,平面波截断能取较大的数值 420.0 eV。确定了截断能后,对 K 点网格数进行了一系列测试计算,结果表明 K 点网格数设置为 $22 \times 22 \times 22$ 以上时,总能的误差小于 1.0×10^{-4} eV,可以认为

能量趋于稳定,因此 K 点网格数取 $22 \times 22 \times 22$。几何结构优化的收敛指标为:体系总能量的收敛值为 1.0×10^{-5} eV·atom^{-1},每个原子的受力小于 0.05 eV·Å,应力偏差小于 0.1 GPa,公差偏移小于 0.002 Å,SCF 收敛能量为 1.0×10^{-5} eV·atom^{-1},FFT 的网格参数为 $48 \times 48 \times 48$。几何结构优化时优化了晶格常数。

计算 B_2-FeAl 时,交换关联能采用 GGA 的 PW91[143-144]描述;而计算 DO_3-Fe$_3$Al 时,交换关联能分别采用 GGA 的 PW91,以及 LDA[142]进行计算。

3.2.2　晶体结构与模型

B_2-FeAl 是空间群为 pm-3m 的对称结构,其原胞如图 3.1(a)所示,Fe 原子处于体心的位置,Al 原子则处于 8 个顶点的位置。建立如图 3.1(b)所示的 $2 \times 2 \times 2$ 超胞模型,该体系记为 Fe_8Al_8[156]。Cr、Mo 对 FeAl 的合金化模型为合金元素分别替代 Fe_8Al_8 中的一个原子,根据下文 3.3.1 中 Cr、Mo 原子分别替代 Fe_8Al_8 中一个原子的结合能计算结果,确定所建立的合金化模型如图 3.1(c)所示,合金元素取代超胞中心的 Al 原子。

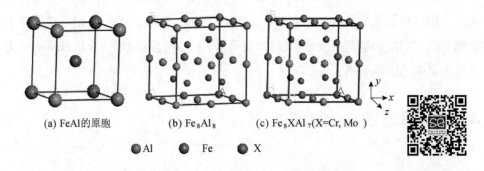

(a) FeAl 的原胞　　　(b) Fe$_8$Al$_8$　　　(c) Fe$_8$XAl$_7$(X=Cr, Mo)

● Al　　　● Fe　　　● X

图 3.1　FeAl 合金化前后的晶体结构

DO_3-Fe$_3$Al 为空间群是 fm-3m 的对称结构,其计算模型如图 3.2(a)所示,Fe 原子有两种位置,一种是位于小晶胞的顶点,用 Fe-I 表示,另一种是位于小晶胞的中心位置,用 Fe-II 表示。体系中共包含 16 个原子,其中 Fe 原子 12 个,4 个 Fe-I 和 8 个 Fe-II 原子,Al 原子 4 个,整个体系记作 $Fe_{12}Al_4$。Cr、Mo 固溶替代 Fe$_3$Al 的合金化模型的建立方法为:首先 Cr、Mo 分别替代 $Fe_{12}Al_4$ 中的一个 Al 原子、一个 Fe-I 原子或一个 Fe-II 原子,然后对替代后的结构进行几何优化以及静态能量计算,通过不同结构结合能的计算结果,确定最稳定的结构作为后续计算所采用的

Cr、Mo 固溶替代 DO₃-Fe₃Al 的模型。3.4.1 中结合能的计算结果显示，Cr、Mo 替代 Al 原子的结构比替代 Fe 的两种结构更稳定，因此后续计算中 DO₃-Fe₃Al 的合金化模型采用如图 3.2（b）所示的 Fe₁₂XAl₃（X＝Cr，Mo）结构。

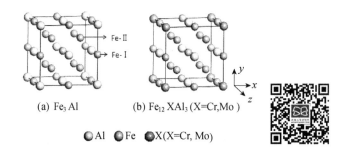

(a) Fe₃Al　　　(b) Fe₁₂XAl₃(X=Cr,Mo)

● Al　● Fe　● X(X=Cr, Mo)

图 3.2　Fe₃Al 合金化前后的晶体结构

3.2.3　物态方程拟合平衡态性质

3.2.3.1　B₂-FeAl 的平衡态性质

采用能量-体积（E-V）状态方程拟合材料的诸如晶格常数和体模量等平衡性质的结果，较直接基于第一性原理计算所获得的更为准确。本书采用具有 4 个参数的 Birch-Murnaghan 状态方程[式（3.1）][157] 拟合通过第一原理计算的 E-V 点，拟合获得 FeAl 晶格常数、体模量以及 E-V 状态方程曲线。式（3.1）中的 V_0、E_0、B_0 和 B_0' 分别表示体积、能量、体模量以及体模量的误差值。

$$E(V) = E_0 + \frac{9V_0 B_0}{16}\left\{\left[\left(\frac{V_0}{V}\right)^{\frac{2}{3}} - 1\right]^3 B_0' + \left[\left(\frac{V_0}{V}\right)^{\frac{2}{3}} - 1\right]^2\left[6 - 4\left(\frac{V_0}{V}\right)^{\frac{2}{3}}\right]\right\}$$

$$(3.1)$$

图 3.3 显示作为体积的函数计算出来的 FeAl 总能，以及拟合获得的 E-V 状态方程曲线。拟合的吻合性较好，计算值与拟合值的误差为 3.4×10^{-4} eV，表明基于密度泛函理论的计算是可靠的。

表 3.1 中列出了基于计算值拟合的 FeAl 晶格常数和体模量，晶格常数与参考文献实验数据非常吻合，误差约为 1.91%；计算的体模量与参考文献数据较为接近，误差约为 6.19%，小于 10%，属于可靠范围。

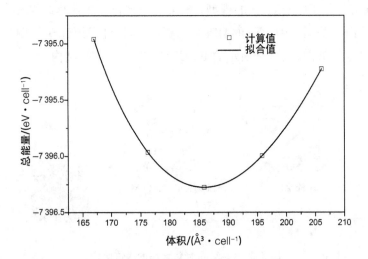

图 3.3 B_2-FeAl 的 E-V 曲线

表 3.1   拟合的 FeAl 超胞的晶格常数及体模量

相	数据来源	晶格常数/Å	拟合的体模量/GPa	体模量/GPa
Fe_8Al_8	本书	5.707	182.93	
	参考文献	5.818[20]		195[156]

3.2.3.2 DO_3-Fe_3Al 的平衡态性质

本书采用如式(3.1)所示的 Birch-Murnaghan 状态方程,拟合分别通过 GGA-PW91 和 LDA 交换关联函数计算的 E-V 点。图 3.4 是作为体积的函数计算出来的 Fe_3Al 的总能,以及拟合获得的 E-V 状态方程曲线。计算值与拟合值的误差分别为 $5.77×10^{-3}$ eV 和 $1.18×10^{-2}$ eV,从能量拟合的角度表明基于 GGA-PW91 的计算结果较基于 LDA 的更为精确。

表 3.2 中为分别基于 GGA-PW91 和 LDA 的计算值拟合的 Fe_3Al 晶格常数及体模量,表明基于 GGA-PW91 交换关联函数计算的晶格常数同参考文献实验数据吻合情况较好,与参考文献实验数据[157-158]和理论计算数据[160]的误差在 0.68%~2.30% 之间。基于 LDA 计算的晶格常数的误差较大,与参考文献实验数据[157-158]和理论计算数据[160]的误差在 4.24%~5.81%之间。基于 GGA-PW91 计算的体模量与参考文献实验数据较为接近,与参考文献实验数据[157,159]和理论计算数据[160]的差距范围在2.54%~ 7.19%之间,均小于 10%。基于 LDA 计算的

体模量与参考文献实验数据间的差距较大,差距范围在 20.39%~25.84%之间,远高于10%。

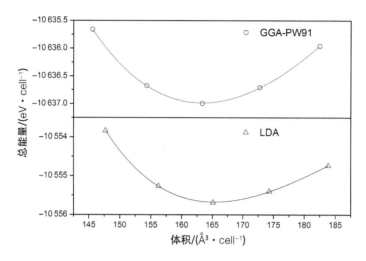

图 3.4 DO₃-Fe₃Al 的 E-V 曲线

表 3.2 拟合的 Fe₃Al 晶格常数及体模量

	晶格常数 /Å	拟合的体模量 /GPa	体模量 /GPa
GGA-PW91	5.693 19	182.217	
LDA	5.488 74	213.932	
参考文献	5.739[157]		172.2[158]
	5.732[158]		170[159]
	5.827[160]		177.7[161]

3.2.4 结合能的计算方法

结合能表示各组成原子生成化合物时所释放的能量,可以用来衡量晶体结构的稳定性[161],结合能为负数且绝对值越大,表示该种化合物的结构越稳定。本研究通过结合能讨论合金元素在 FeAl 和 Fe₃Al 中替代原子的优先占位,取结合能小的结构进行后续计算。本书中 Fe-Al 金属间化合物以及其三元合金分别用 A_aB_b 和 $A_aB_bC_c$ 来表示,对应的结合能计算公式如式(3.2)和式(3.3)[162]所示:

$$E_{For}(A_aB_b) = \frac{E_{Tot}(A_aB_b) - aE(A) - bE(B)}{a+b} \quad (3.2)$$

$$E_{\text{For}}(A_aB_bC_c) = \frac{E_{\text{Tot}}(A_aB_bC_c) - aE(A) - bE(B) - cE(C)}{a+b+c} \tag{3.3}$$

式(3.2)中,$E_{\text{For}}(A_aB_b)$、$E_{\text{Tot}}(A_aB_b)$、$E(A)$ 和 $E(B)$ 分别表示化合物 A_aB_b 的结合能、总能、A 和 B 两种元素的单个原子能量,a 和 b 分别为 A 和 B 两种原子的个数。式(3.3)中,$E_{\text{For}}(A_aB_bC_c)$、$E_{\text{Tot}}(A_aB_bC_c)$、$E(A)$、$E(B)$ 和 $E(C)$ 分别表示化合物 $A_aB_bC_c$ 的结合能,总能,A、B 和 C 三种元素的单个原子能量,a、b 和 c 分别为 A、B 和 C 三种原子的个数。

3.3 B_2-FeAl 的计算结果与分析

3.3.1 Cr、Mo 对结构稳定性的影响

研究元素 Cr、Mo 对 FeAl 的合金化效应,需先确定合金元素在 Fe_8Al_8 超胞中的稳定位置。分别构筑 Al 和 Fe 居于体心的两种原胞的 $2\times2\times2$ 超胞模型,合金原子 Cr、Mo 分别替代超胞中心的 Al 和 Fe 原子,形成两种 Fe-Al-X 三元合金体系,分别为 Fe_8XAl_7 和 Fe_7XAl_8,X 为 Cr 或 Mo。对 Fe-Al-X 体系进行几何优化后,计算静态能量,将 Fe_8XAl_7 和 Fe_7XAl_8 的总能、Fe、合金元素和 Al 的单个原子能量,以及 Fe、合金和 Al 原子的个数分别代入结合能计算公式,则计算结果为 Fe_8XAl_7 和 Fe_7XAl_8 的结合能数值,根据这两种体系的结合能判断合金原子的占位情况。

表 3.3 中为合金元素 Cr、Mo 分别替代 Fe_8Al_8 中一个 Al 原子和一个 Fe 原子的结合能,计算结果显示合金元素 Cr、Mo 替代 Al 原子的结合能较替代 Fe 原子的结合能更低,根据热力学性质,能量低的体系更稳定,因此 Cr、Mo 替代 Al 原子形成的合金结构更稳定。后续计算分别采用 Fe_8CrAl_7 和 Fe_8MoAl_7 作为添加 Cr、Mo 的 B_2 型 FeAl 合金化模型。

表 3.3 B_2-FeAl 中 Cr、Mo 合金化后的结合能和替代原子

相	结合能/eV (GGA-PW91)	替代原子
Fe_8CrAl_7	-8.421	Al
Fe_7CrAl_8	-7.924	Fe
Fe_8MoAl_7	-8.475	Al
Fe_7MoAl_8	-7.915	Fe

3.3.2 FeAl 合金的弹性常数和弹性性能

弹性常数是表征材料力学性能的物理量,研究弹性常数对了解材料的固体性质非常重要。本书采用有效应变-应力方法[107]计算弹性常数。将应变 $\boldsymbol{\varepsilon}$ 施加到晶体结构上得到的应力为 $\boldsymbol{\sigma}$,应变 $\boldsymbol{\varepsilon}$ 和应力 $\boldsymbol{\sigma}$ 分别为由 9 个量组成的张量,表示为式(3.4)和式(3.5):

$$\boldsymbol{\varepsilon} = \begin{pmatrix} \varepsilon_{11} & \varepsilon_{12} & \varepsilon_{13} \\ \varepsilon_{21} & \varepsilon_{22} & \varepsilon_{23} \\ \varepsilon_{31} & \varepsilon_{32} & \varepsilon_{33} \end{pmatrix} \tag{3.4}$$

$$\boldsymbol{\sigma} = \begin{pmatrix} \sigma_{11} & \sigma_{12} & \sigma_{13} \\ \sigma_{21} & \sigma_{22} & \sigma_{23} \\ \sigma_{31} & \sigma_{32} & \sigma_{33} \end{pmatrix} \tag{3.5}$$

由于应变和应力张量的对称性,应变 $\boldsymbol{\varepsilon}$ 和应力 $\boldsymbol{\sigma}$ 可以分别表示为式(3.6)和式(3.7)的 Voigt 记法:

$$\boldsymbol{\varepsilon} = \begin{pmatrix} \varepsilon_1 & \varepsilon_6/2 & \varepsilon_5/2 \\ \varepsilon_6/2 & \varepsilon_2 & \varepsilon_4/2 \\ \varepsilon_5/2 & \varepsilon_4/2 & \varepsilon_3 \end{pmatrix} \tag{3.6}$$

$$\boldsymbol{\sigma} = \begin{pmatrix} \sigma_1 & \sigma_6 & \sigma_5 \\ \sigma_6 & \sigma_2 & \sigma_4 \\ \sigma_5 & \sigma_4 & \sigma_3 \end{pmatrix} \tag{3.7}$$

3×3 的变形矩阵 $\boldsymbol{R}'$ 可以通过 $\boldsymbol{R}'=\boldsymbol{R}(\boldsymbol{I}+\boldsymbol{\varepsilon})$ 获得,其中 $\boldsymbol{R}$ 为未变形的向量,$\boldsymbol{I}$ 为 3×3 的单位矩阵,$\boldsymbol{\varepsilon}$ 为式(3.6)的应变矩阵,$\boldsymbol{R}'$ 表示为式(3.8):

$$\boldsymbol{R}' = \boldsymbol{R} \begin{pmatrix} 1+\varepsilon_1 & \varepsilon_6/2 & \varepsilon_5/2 \\ \varepsilon_6/2 & 1+\varepsilon_2 & \varepsilon_4/2 \\ \varepsilon_5/2 & \varepsilon_4/2 & 1+\varepsilon_3 \end{pmatrix} \tag{3.8}$$

广义胡克定理可以表示为式(3.9)或式(3.10):

$$\sigma_i = C_{ij}\varepsilon_j \tag{3.9}$$

$$\varepsilon_j = S_{ij}\sigma_i \tag{3.10}$$

式(3.9)中 C_{ij} 称为弹性常数或弹性刚度常数,式(3.10)中的 S_{ij} 称为弹性柔顺常数。式(3.9)和式(3.10)的展开式分别为式(3.11)和式(3.12):

$$
\begin{pmatrix} \sigma_{11} \\ \sigma_{22} \\ \sigma_{33} \\ \sigma_{23} \\ \sigma_{31} \\ \sigma_{12} \end{pmatrix}
=
\begin{pmatrix}
c_{11} & c_{12} & c_{13} & c_{14} & c_{15} & c_{16} \\
c_{21} & c_{22} & c_{23} & c_{24} & c_{25} & c_{26} \\
c_{31} & c_{32} & c_{33} & c_{34} & c_{35} & c_{36} \\
c_{41} & c_{42} & c_{43} & c_{44} & c_{45} & c_{46} \\
c_{51} & c_{52} & c_{53} & c_{54} & c_{55} & c_{56} \\
c_{61} & c_{62} & c_{63} & c_{64} & c_{65} & c_{66}
\end{pmatrix}
\begin{pmatrix} \varepsilon_{11} \\ \varepsilon_{22} \\ \varepsilon_{33} \\ 2\varepsilon_{23} \\ 2\varepsilon_{13} \\ 2\varepsilon_{12} \end{pmatrix}
\tag{3.11}
$$

$$
\begin{pmatrix} \varepsilon_{11} \\ \varepsilon_{22} \\ \varepsilon_{33} \\ 2\varepsilon_{23} \\ 2\varepsilon_{13} \\ 2\varepsilon_{12} \end{pmatrix}
=
\begin{pmatrix}
s_{11} & s_{12} & s_{13} & s_{14} & s_{15} & s_{16} \\
s_{21} & s_{22} & s_{23} & s_{24} & s_{25} & s_{26} \\
s_{31} & s_{32} & s_{33} & s_{34} & s_{35} & s_{36} \\
s_{41} & s_{42} & s_{43} & s_{44} & s_{45} & s_{46} \\
s_{51} & s_{52} & s_{53} & s_{54} & s_{55} & s_{56} \\
s_{61} & s_{62} & s_{63} & s_{64} & s_{65} & s_{66}
\end{pmatrix}
\begin{pmatrix} \sigma_{11} \\ \sigma_{22} \\ \sigma_{33} \\ \sigma_{23} \\ \sigma_{31} \\ \sigma_{12} \end{pmatrix}
\tag{3.12}
$$

对于立方晶体,存在对称关系 $c_{11} = c_{22} = c_{33}$,$c_{12} = c_{23} = c_{31}$,$c_{44} = c_{55} = c_{66}$,具有 c_{11}、c_{12} 和 c_{44} 3 个独立的弹性常数。弹性常数矩阵 C 可表示为式(3.13):

$$
C =
\begin{pmatrix}
c_{11} & c_{12} & c_{12} & 0 & 0 & 0 \\
c_{12} & c_{11} & c_{12} & 0 & 0 & 0 \\
c_{12} & c_{12} & c_{11} & 0 & 0 & 0 \\
0 & 0 & 0 & c_{44} & 0 & 0 \\
0 & 0 & 0 & 0 & c_{44} & 0 \\
0 & 0 & 0 & 0 & 0 & c_{44}
\end{pmatrix}
\tag{3.13}
$$

本书取应变为 $(x, 0, 0, 0, 0, 0)$ 加以计算,令 $x = \pm 0.001$ 和 $x = \pm 0.003$,获得足够的非零应力,对 Fe_8Al_8、Fe_8CrAl_7 和 Fe_8MoAl_7 模型进行晶体结构的几何优化计算后计算了弹性常数,计算所得的弹性常数 c_{11}、c_{12} 和 c_{44} 如表 3.4 所示。

表 3.4　Fe$_8$Al$_8$、Fe$_8$CrAl$_7$ 和 Fe$_8$MoAl$_7$ 的弹性常数

相	数据来源	c_{11}	c_{12}	c_{44}
Fe$_8$Al$_8$	本书	271.53	132.06	149.45
	参考文献	292[163]	136[165]	165[165]
		290[164]	130[166]	166[166]
Fe$_8$CrAl$_7$	本书	340.27	159.99	144.97
Fe$_8$MoAl$_7$	本书	351.85	162.78	142.74

立方晶体结构的弹性常数需要满足如式(3.14)所示的机械平衡条件：

$$c_{11} > 0,\ c_{44} > 0,\ c_{11} + c_{12} > 0,\ c_{11} > c_{12},\ c_{11} > B > c_{12} \qquad (3.14)$$

本书 Fe$_8$Al$_8$、Fe$_8$CrAl$_7$ 和 Fe$_8$MoAl$_7$ 弹性常数的计算结果均满足式(3.14)所示的机械平衡条件，表明这 3 种结构均为稳定结构。本书计算的 FeAl 弹性常数计算值与 D. Nguyen-Manh 等[163]和 Zhang 等[164]的实验数据较为接近，c_{11} 与参考文献中实验数据的误差分别约为 7.01% 和 6.37%，c_{12} 与参考文献中的实验数据非常接近，误差分别约为 1.58% 和 2.90%，而 c_{44} 与参考文献中的实验数据的误差分别约为 9.42% 和 9.97%，误差值均小于 10%，表明计算方法准确，计算结果较为可靠。

体模量(B)、剪切模量(G)、弹性模量(E)、Pugh 模量(B/G)、泊松比(ν)以及 Cauchy 压力常数(C_p)等力学参数与材料的宏观力学性能有关，这些物理量可以通过弹性常数计算获得。本书采用 Hill 的计算方法[165]，即弹性模量(E)的值为基于 Voigt 算法和 Reuss 算法的计算值的平均数，将弹性常数代入式(3.15)~式(3.21)，计算 B、G、E、ν 以及 C_p 等力学参数，G_V 为基于 Voigt 算法计算的剪切模量值，G_R 为基于 Reuss 算法计算的剪切模量值。

$$B = \frac{c_{11} + 2c_{12}}{3} \qquad (3.15)$$

$$G_V = \frac{c_{11} - c_{12} + 3c_{44}}{5} \qquad (3.16)$$

$$G_R = \frac{5(c_{11} - c_{12})c_{44}}{4c_{44} + 3(c_{11} - c_{12})} \qquad (3.17)$$

$$G = \frac{G_V + G_R}{2} \qquad (3.18)$$

$$E = \frac{9GB}{G + 3B} \qquad (3.19)$$

$$\nu = \frac{3B - 2G}{2(3B + G)} \tag{3.20}$$

$$C_p = c_{12} - c_{44} \tag{3.21}$$

体模量是指,当材料受到一个整体压强时,相当于材料受到一个体积应力,在此应力的作用下材料的体积被压缩,该体积应力与材料体积应变的比值即为体模量。由于各向受压时物体的体积总是变小的,所以体模量恒为正数。通常材料的体模量数值越大,则表示材料的强度会越高;而材料内部的原子结合越强,材料就越难以被压缩,则材料的体模量数值也就越大[166]。剪切模量是指,受到剪切应力的作用,材料在弹性变形比例极限范围内,所受侧向应力与相应方向上应变的比值即为剪切模量,也就是剪切应力与剪切应变的比值。剪切模量可以反映材料剪切变形的难易程度或者说材料抵抗剪切应变的能力,为材料的重要力学性能指标之一。体模量反映材料的不可压缩性,而剪切模量反映材料抵抗剪切应变的能力,这两个模量综合起来反映材料的刚度,属于材料的固有性质,与材料的热处理方式或微观组织等无关。体模量和剪切模量的数值越大,表示材料的刚度越高,可以以此预测材料的强度也越高。弹性模量是指,材料在弹性变形阶段,根据胡克定律,材料的应力和应变成正比例,而这种材料所受的纵向应力与纵向应变的比值即为弹性模量,也称杨氏模量。弹性模量可以用来表示固体材料的抗弹性形变能力,弹性模量的数值越大,表示材料发生一定弹性变形所需的应力也越大,即在一定应力作用下,弹性模量越大的材料其发生的弹性变形越小。实验中通常用拉伸法进行弹性模量的测量。弹性模量只与材料的化学成分有关,而与材料的组织变化及热处理状态无关,实际工程中,弹性模量作为表示材料刚度的典型指标[167]。

表 3.5 为 $Fe_8 Al_8$ 和 $Fe_8 XAl_7$（X＝Cr, Mo）的体模量、剪切模量及弹性模量。Cr、Mo 加入 FeAl 后体模量、剪切模量和弹性模量均有所变化,计算获得的 B 值、

表 3.5　$Fe_8 Al_8$ 和 $Fe_8 XAl_7$（X＝Cr, Mo）的体模量、剪切模量和弹性模量

单位:GPa

相	B（体模量）	G（剪切模量）	E（弹性模量）
$Fe_8 Al_8$	178.55	110.06	273.91
$Fe_8 CrAl_7$	220.08	119.82	304.24
$Fe_8 MoAl_7$	225.81	121.01	308.01

G 值和 E 值由大到小的顺序均为 $Fe_8MoAl_7 > Fe_8CrAl_7 > Fe_8Al_8$。根据上述体模量、剪切模量和弹性模量对材料性质判定物理意义的记述,可以推断 Cr、Mo 的加入提高了 FeAl 的强度和刚度。

本书中的晶体模型均为理想状态,不考虑晶体内的位错和空位等因素。Pugh 模量、泊松比和 Cauchy 压力常数的趋势均可以用于预测材料塑性的强弱,数值越大则塑性越强。基于 Pugh 模量的经验判据[168],当 Pugh 模量的值大于 1.75 时,材料呈现韧性,且数值越大韧性越强;当 Pugh 模量的值小于 1.75 时,材料呈现脆性,且数值越小脆性越强。Pugh 模量可以用于表示塑性的程度,泊松比可以作为评价材料抗剪稳定性的参数,Pugh 模量和泊松比的值越大,表明材料的塑性越好[169]。Cauchy 压力常数($c_{12} - c_{44}$)可以用于预测立方晶系材料的韧脆性[170-171],Cauchy 压力参数的正负可以判断原子间为金属键或共价键。Cauchy 压力值为正时,为金属键,数值越大反应金属键越强,材料的延性越好;Cauchy 压力值为负时,则为共价键,材料呈脆性。

图 3.5(a)～(c)为将计算获得的 Fe_8Al_8 和 Fe-X-Al(X=Cr,Mo)的弹性常数代入B/G、式(3.20)和式(3.21)计算得到的 Pugh 模量、泊松比以及 Cauchy 压力常数的趋势图,这三个图所显示的趋势一致。Fe_8Al_8、Fe_8CrAl_7 和 Fe_8MoAl_7 三种相的 Pugh 模量、泊松比以及 Cauchy 压力常数按数值由大到小的顺序为 $Fe_8MoAl_7 > Fe_8CrAl_7 > Fe_8Al_8$,根据上述对这 3 种物理量的说明,可以预测 Cr、Mo 的添加提高了 FeAl 的韧性。

包括 1.2.1 中所阐述的实验研究表明 Cr 的添加可以提高 FeAl 的强度和韧性[10, 73],这与本研究的上述分析结果一致,此外 4.3.3 中基于固体与分子经验电子理论的分析结果也与此一致。关于 Mo 合金化对 FeAl 强度和韧性的影响,1.2.1 中记述的实验结果[69]显示 Mo 的添加提高了 FeAl 的高温强度和室温韧性,这一结果与上文分析的结果一致。此外,4.3.3 中采用固体与分子经验电子理论计算结果显示 Mo 的添加提高了 FeAl 的韧性,与采用弹性性质分析的结果一致。

3.3.3　Cr、Mo 对 FeAl 态密度的影响

态密度分析是常用的分析合金电子结构的方法。为了进一步明确各个轨道电子对态密度的贡献,本研究计算了合金前后各相的电子总态密度以及分波态密度。图 3.6 为 Cr 、Mo 合金化前后的 FeAl 超胞模型的电子总态密度图(TDOS)和分波态密度图(PDOS)。图 3.6(a)为 Fe_8Al_8 的态密度图,Fe_8Al_8 的 TDOS 在靠近费

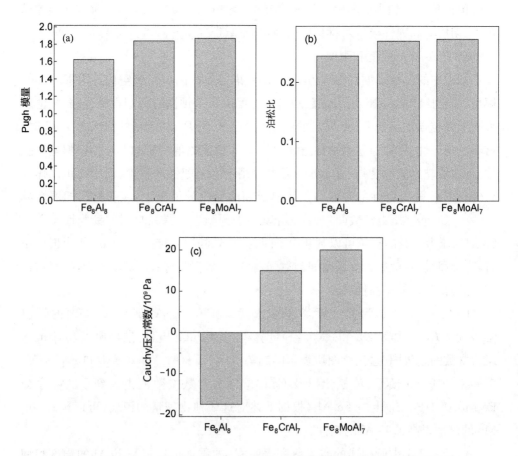

图 3.5　Fe$_8$Al$_8$、Fe$_8$CrAl$_7$ 和 Fe$_8$MoAl$_7$ 的 Pugh 模量、泊松比及 Cauchy 压力常数

米能级的位置出现一个峰值,费米能级位于键化与反键化间的虚能隙,成键电子的能量主要分布在 $-9.845 \sim 8.961$ eV 范围内。对成键的贡献主要为 Fe-d 轨道电子的作用,以及 Fe-s,Fe-p,Al-s,Al-p 轨道电子的杂化。Fe 的 s、p、d 态与 Al 的 s、p 态存在电子轨道杂化,显示 FeAl 为明显的共价键特征,从电子结构上解释了 FeAl 金属间化合物呈现脆性的原因。图 3.6(b)为 Fe$_8$CrAl$_7$ 的态密度图,成键电子的能量主要分布在 $-72.532 \sim -71.682$ eV、$-44.004 \sim -42.814$ eV 和 $-9.964 \sim 8.842$ eV 三个区间,Fe、Al 和 Cr 原子的强烈成键在 $-6.803 \sim 8.587$ eV 能级区间,成键电子主要来自 Fe-d,Al-p 和 Cr-d,其他轨道的电子参与了杂化。图 3.6(c)为 Fe$_8$MoAl$_7$ 的态密度图,成键电子的能量主要分布在 $-61.447 \sim -60.745$ eV、$-35.729 \sim -34.770$ eV 和 $-9.905 \sim 8.843$ eV 三个区

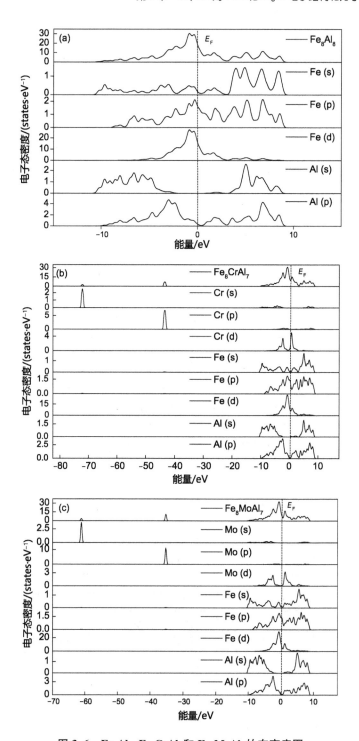

图 3.6　Fe₈Al₈、Fe₈CrAl₇ 和 Fe₈MoAl₇ 的态密度图

间,Fe、Al 和 Mo 原子的强烈成键在 $-6.690\sim8.659$ eV 能级区间,成键电子主要来自 Fe-d,Al-p 和 Mo-d,其他轨道的电子参与了杂化。

3.3.4 Cr、Mo 对 FeAl 电子布居数的影响

Mulliken 电子布居数可以用于分析合金的离子键作用。表 3.6~表 3.8 分别为 Cr、Mo 合金化前后的 FeAl 金属间化合物的 Mulliken 电子布居数的计算结果。合金化前,原子间电荷转移总量为 1.28(0.16×8);经过 Cr、Mo 元素的合金化后,电荷转移总数分别为 1.52(0.19×8)和 1.92(0.24×8)。Cr 和 Mo 合金化后,电荷转移数量均有增加。电荷转移量由大到小的顺序为 $Fe_8MoAl_7 > Fe_8CrAl_7 > Fe_8Al_8$。

表 3.6 Fe_8Al_8 的 Mulliken 电子布居数

原子种类	个数	s 轨道电子布居数	p 轨道电子布居数	d 轨道电子布居数	电子布居总数	电子数
Fe	8	0.34	0.76	7.06	8.16	-0.16
Al	8	0.88	1.96	0	2.84	0.16

表 3.7 Fe_8CrAl_7 的 Mulliken 电子布居数

原子种类	个数	s 轨道电子布居数	p 轨道电子布居数	d 轨道电子布居数	电子布居总数	电子数
Fe	8	0.4	0.78	7.01	8.19	-0.19
Al	1	0.91	2	0	2.91	0.09
Al	3	0.89	1.96	0	2.85	0.15
Al	3	0.88	1.93	0	2.81	0.19
Cr	1	2.6	5.94	5.01	13.55	0.45

表 3.8 Fe_8MoAl_7 的 Mulliken 电子布居数

原子种类	个数	s 轨道电子布居数	p 轨道电子布居数	d 轨道电子布居数	电子布居总数	电子数
Fe	8	0.4	0.81	7.03	8.24	-0.24
Al	1	0.92	2.01	0	2.93	0.07
Al	3	0.89	1.95	0	2.84	0.16
Al	3	0.88	1.94	0	2.82	0.18
Mo	1	2.61	5.6	4.95	13.16	0.84

各原子间电荷转移情况显示,Cr 加入后,Fe 与 1 个 Al 原子间的电荷转移量减少较为明显,与 3 个 Al 原子间电荷转移量有微小减少,与另外 3 个 Al 原子间的电荷转移量有微小增加,而与 Cr 间的电荷转移量很大,表明 Cr 的添加增强了 Fe-Cr 间离子键成分的作用,使 Fe-Al 间离子键成分作用出现了不均衡,解释了 3.3.2 中 Cr 对 FeAl 脆性有所改善,对模量有所提高的微观结构原因。Mo 加入后,Fe 与 1 个 Al 原子间的电荷转移量较加入前大为减少,与 3 个 Al 原子间的电荷转移量有微量增加,而与另外 3 个 Al 原子间的电荷转移量不变。Mo 的电荷转移量与其他原子相比最大,表明 Mo 对 FeAl 金属间化合物的离子键成分有增强作用,可以解释 3.3.2 中 Mo 对 FeAl 脆性改善和模量提高的微观结构原因。

3.3.5　Cr、Mo 对 FeAl 电荷密度的影响

如图 3.7 所示,合金元素的加入改变了 Fe 和 Al 原子周围电子排布的形态,合金元素 Cr、Mo 与 Fe 原子间的电荷密度大于合金化前 Fe-Al 间的电荷密度,

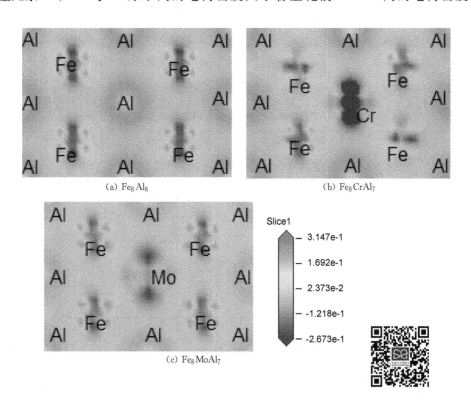

(a) Fe₈Al₈　　　　(b) Fe₈CrAl₇

(c) Fe₈MoAl₇

Slice1

— 3.147e-1
— 1.692e-1
— 2.373e-2
— -1.218e-1
— -2.673e-1

图 3.7　FeAl 合金化前后超胞(110)面的差分电荷密度图

Fe_8CrAl_7 和 Fe_8MoAl_7 中 Fe 和 Al 原子间的电荷密度均有所增大。Cr 和 Mo 与 Al 间的电子云出现重叠现象,而上述合金元素添加前 Al 和 Al 之间没有重叠现象的出现。综上表明,Cr、Mo 合金元素的添加使合金原子与 Fe、Al 原子间的电荷密度增大,从而增强了原子间的结合能力,提高了 FeAl 合金的稳定性。

3.4　DO_3-Fe_3Al 的计算结果与分析

3.4.1　Cr、Mo 在 Fe_3Al 中的占位

讨论 Cr、Mo 对 Fe_3Al 的固溶替代效应前,首先要确定其在 $Fe_{12}Al_4$ 晶胞中的优先占位。基于图 3.2(a)的标注,构筑 Cr、Mo 分别替代 Al、Fe-I 和 Fe-II 的模型。经过结构优化后,计算静态能量,计算结合能并根据结果判断 Cr、Mo 的占位情况。根据式(3.3)计算 Cr、Mo 分别替代 $Fe_{12}Al_4$ 中一个 Fe-I 原子、一个 Fe-II 原子和一个 Al 原子的结合能,表 3.9 中列出了分别基于 GGA-PW91 和 LDA 交换关联函数计算的结合能以及相应的替代原子,计算结果均显示基于这两种交换关联函数计算的 Cr、Mo 替代 Al 的结构比替代 Fe 的两种结构更稳定,因此以下三元合金计算分别采用 $Fe_{12}CrAl_3$ 和 $Fe_{12}MoAl_3$ 模型。

表 3.9　DO_3-Fe_3Al 中 Cr、Mo 合金化后的结合能和替代原子

相	结合能/eV		替代原子
	GGA-PW91	LDA	
$Fe_{12}CrAl_3$	-10.143	-9.6513	Al
$Fe_{11}CrAl_4$	-9.6996	-9.3308	Fe-I
$Fe_{11}CrAl_4$	-9.6882	-9.2717	Fe-II
$Fe_{12}MoAl_3$	-10.168	-9.713	Al
$Fe_{11}MoAl_4$	-9.742	-9.408	Fe-I
$Fe_{11}MoAl_4$	-9.69282	-9.309	Fe-II

3.4.2　Fe_3Al 合金的弹性常数和弹性性能

对 Fe_3Al($Fe_{12}Al_4$)、$Fe_{12}CrAl_3$ 和 $Fe_{12}MoAl_3$ 模型进行晶体结构的几何优化后计算弹性常数,基于 GGA-PW91 和 LDA 交换关联函数计算所得的弹性常数 c_{11},

c_{12} 和 c_{44} 如表 3.10 所示。GGA-PW91 和 LDA 交换关联函数计算的弹性常数和拟合获得的体模量值基于式(3.14)所示的机械平衡条件加以判断,可知弹性常数和体模量均满足机械平衡条件,表明 Fe_3Al、$Fe_{12}CrAl_3$ 以及 $Fe_{12}MoAl_3$ 结构均稳定。

表 3.10　Fe_3Al、$Fe_{12}CrAl_3$ 和 $Fe_{12}MoAl_3$ 的弹性常数

相		c_{11}	c_{12}	c_{44}
Fe_3Al	GGA-PW91	232.419	167.893	157.501
	LDA	339.961	213.761	202.547
	参考文献	262[52]	156[52]	162[52]
	实验数据	212.5[61]	160.2[61]	124.8[61]
$Fe_{12}CrAl_3$	GGA-PW91	247.360	164.535	151.107
	LDA	293.420	186.138	194.017
$Fe_{12}MoAl_3$	GGA-PW91	266.043	169.611	147.619
	LDA	292.096	178.738	179.834

综合基于 GGA-PW91 和 LDA 交换关联函数计算的 3.2.3.2 中 Fe_3Al 的能量拟合值、晶格常数、体模量拟合值以及本节中弹性常数的计算结果:能量拟合值误差分别为 5.77×10^{-3} eV 和 1.18×10^{-2} eV;晶格常数与参考文献实验数据误差范围分别在 0.68%~2.30% 和 4.24%~5.81% 之间;体模量与参考文献实验数据误差范围分别在 2.54%~7.19% 和 20.39%~25.84% 之间;弹性常数方面,2 个实验获得的数据之间的差异也很大,如表 3.10 中 c_{11} 对应的 2 个参考文献实验数据相差 49.5,按比例误差率约为 18.89%;c_{44} 的 2 个参考文献实验数据相差 37.2,按比例误差率约为 22.96%;本书基于 GGA-PW91 和 LDA 交换关联函数计算的各弹性常数值上相差很大,基于 GGA-PW91 计算的 c_{11}、c_{12} 和 c_{44} 与参考文献实验数据误差范围分别在 9.37%~11.29%、4.80%~7.62% 和 2.78%~26.20% 之间;基于 LDA 计算的 c_{11}、c_{12} 和 c_{44} 与参考文献实验数据误差范围分别在 29.76%~59.98%、33.43%~37.03% 和 25.03%~62.30% 之间。

以上结果表明基于 GGA-PW91 交换关联函数的计算结果与已有的研究结果[172-173]较基于 LDA 的计算结果更为精确,其误差值均在较为合理范围之内,因此,后续的计算采用 GGA-PW91 交换关联函数进行。

将基于 GGA-PW91 计算的弹性常数代入式(3.15)~式(3.21)计算求得 Fe_3Al、$Fe_{12}CrAl_3$ 和 $Fe_{12}MoAl_3$ 的体模量、剪切模量、弹性模量、Pugh 模量、泊松比

以及 Cauchy 压力常数值。如图 3.8 所示，Fe_3Al、$Fe_{12}CrAl_3$ 和 $Fe_{12}MoAl_3$ 的体模量、剪切模量以及弹性模量的趋势一致，其由大到小的顺序为 $Fe_{12}MoAl_3 >$ $Fe_{12}CrAl_3 > Fe_3Al$。根据 3.3.2 中关于上述物理量的描述，可以预测 $Fe_{12}MoAl_3$ 和 $Fe_{12}CrAl_3$ 三元合金的强度和刚度均大于 Fe_3Al。如 1.2.1 所述，已有的实验研究[62]显示 Mo 以 4% 的含量固溶于 Fe_3Al 增加了其强度但使其变脆，姚正军等[69]的研究也显示 Mo 的加入提高了 Fe_3Al 强度但同时降低了其室温韧性，这些实验结果中关于 Mo 的添加提高 Fe_3Al 强度的结论与本书的分析结果一致。

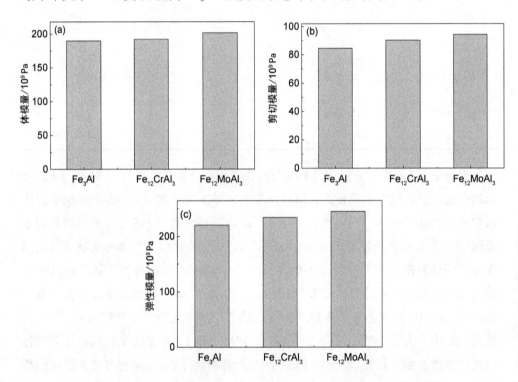

图 3.8　Fe_3Al、$Fe_{12}CrAl_3$ 和 $Fe_{12}MoAl_3$ 的体模量、剪切模量及弹性模量

图 3.9 为 Fe_3Al、$Fe_{12}CrAl_3$ 和 $Fe_{12}MoAl_3$ 的 Pugh 模量、泊松比以及 Cauchy 压力常数的趋势图。基于 3.3.2 中记述的 Pugh 模量和 Cauchy 压力常数值对韧脆性的判断，本书计算的 Fe_3Al 的 Pugh 模量值大于 1.75，以及 Cauchy 压力常数值大于 0，表明 Fe_3Al 为本征韧性，这一结果与 1.1.2.3 中记述的 Fe_3Al 具有本征塑性的结果相一致。本书计算的 $Fe_{12}CrAl_3$ 和 $Fe_{12}MoAl_3$ 的 Pugh 模量值和 Cauchy 压力常数值表明这 2 种相也均为韧性。然而，Cr、Mo 添加对 Fe_3Al 韧性影响程度

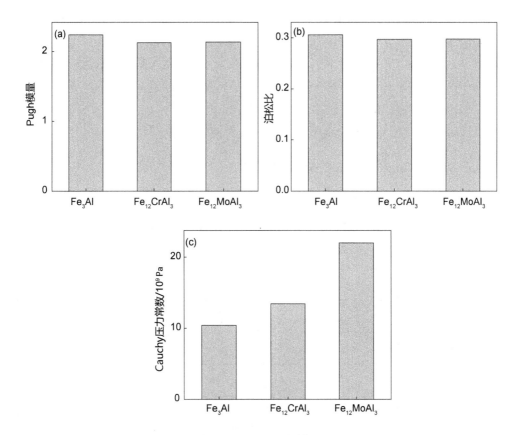

图 3.9　Fe₃Al、Fe₁₂CrAl₃ 和 Fe₁₂MoAl₃ 的 Pugh 模量、泊松比及 Cauchy 压力常数

则出现分歧。如图 3.9(a) 和 (b) 所示,Pugh 模量和泊松比的趋势一致,由大到小的顺序为 $Fe_3Al > Fe_{12}MoAl_3 > Fe_{12}CrAl_3$;而在图 3.9 (c) 中,Cauchy 压力常数的趋势与 Pugh 模量和泊松比不同,其大小顺序为 $Fe_{12}MoAl_3 > Fe_{12}CrAl_3 > Fe_3Al$。基于 3.3.2 中的相关阐述,Pugh 模量、泊松比和 Cauchy 压力常数的趋势可以用于预测材料塑性的强弱,数值越大则塑性越强。本书中 Fe_3Al、$Fe_{12}CrAl_3$ 和 $Fe_{12}MoAl_3$ 的 Pugh 模量、泊松比以及 Cauchy 压力常数的趋势不同,因此 Cr、Mo 的合金化对 Fe_3Al 韧性影响的判断出现了分歧。已有研究[60-61] 表明,Cr 以 2% ~ 6% 含量添加至 Fe_3Al 可提高其韧性;而 Mo 的添加对 Fe_3Al 韧性的影响有不同的实验结果,如上文所述的研究中得到 Mo 的添加降低了 Fe_3Al 的塑性,另一方面,也有研究结果[66-67] 显示,在 650 ℃和 138 MPa 应力条件下,Fe-28Al-2Mo 的延伸率较 Fe-28Al 有所提高。此外,这些研究均未明确 Mo 对 Fe_3Al 韧性影响的微观机理。由于各模量趋势出现的上述不一致性，以及以往研究的结果并未给出Fe_3Al相中添加 Mo 元素后对塑性影响的机理，本书基于固体与分子经验电子理论进一步研究分别添加 Cr、Mo 对 Fe_3Al 韧性的影响，经过相关计算与分析，结果为 Cr、Mo 的添加提高了 Fe_3Al 的韧性。综合分析以上实验结果与采用固体与分子经验电子理论分析结果，与上文 Fe_3Al、$Fe_{12}CrAl_3$ 和 $Fe_{12}MoAl_3$ 的 Cauchy 压力常数结果最为接近，即 Cr、Mo 的添加对 Fe_3Al 韧性有改善作用。

3.4.3 Cr、Mo 对 Fe_3Al 态密度的影响

$Fe_{12}Al_4$、$Fe_{12}CrAl_3$ 以及 $Fe_{12}MoAl_3$ 的电子总态密度和分波态密度如图 3.10 所示。如图 3.10(a)所示，$Fe_{12}Al_4$ 在费米能级两侧位置出现有一定差距的两个峰

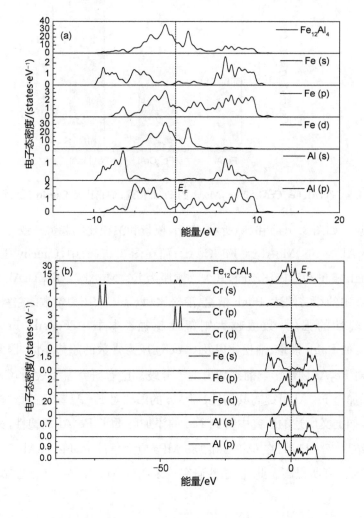

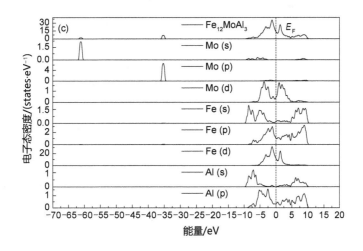

图 3.10　Fe₁₂Al₄、Fe₁₂CrAl₃ 和 Fe₁₂MoAl₃ 态密度图

值,成键电子能量主要分布在 $-9.022 \sim 10.012$ eV 范围内。Fe-d 轨道电子对成键起主要作用,Fe-s,Fe-p,Al-s,Al-p 轨道电子杂化也对成键有所贡献,在总态密度的峰值区域,Fe-d,Fe-p 和 Al-p 更多地参与了杂化,Fe 的 s、p、d 态与 Al 的 s、p 态存在电子轨道杂化,表明 Fe₃Al 相具有共价键特征。

Fe₁₂CrAl₃ 的态密度如图 3.10(b)所示,成键电子能量主要分布在 $-73.27 \sim -70.752$ eV、$-44.707 \sim -42.015$ eV 和 $-8.894 \sim 9.903$ eV 区域,Cr、Fe 及 Al 原子的电子能量集中在 $-8.894 \sim 9.903$ eV 范围内,成键电子主要来自 Fe-p、Fe-d,Al-p 和 Cr-d,其他轨道的电子也参与了杂化。Fe₁₂MoAl₃ 的态密度如图 3.10(c)所示,成键电子能量集中在 $-61.584 \sim -60.643$ eV、$-35.893 \sim -34.651$ eV 和 $-8.81 \sim 9.998$ eV 区间,所有原子的强烈成键区为 $-5.575 \sim 9.735$ eV 范围,成键电子主要来自 Fe-p、Fe-d,Al-p 和 Mo-d,其他轨道的电子参与了杂化。Cr、Mo 添加后,除 Fe 的 s、p、d 轨道和 Al 的 s、p 轨道电子的杂化外,Cr、Mo 的 s、p 和 d 轨道电子也参与了电子杂化。Cr-d 轨道电子在费米能级附近出现两个有一定差距的峰值,而 Mo-d 轨道电子在费米能级附近出现两个相差不大的峰值。Cr-s、Mo-s 和 Cr-p、Mo-p 分别为 Fe₁₂CrAl₃ 和 Fe₁₂MoAl₃ 在费米能级下的低能级处贡献了成键峰,说明合金元素 Cr、Mo 的添加增强了 Fe₃Al 的结合能力。

为了比较 Cr、Mo 对 Fe₃Al 原子键合强度的影响,本书计算了 Fe₁₂Al₄、

$Fe_{12}CrAl_3$ 以及 $Fe_{12}MoAl_3$ 相费米能级以下的重叠电子数,结果如图 3.11 所示。由此可知,Cr、Mo 合金化后 Fe_3Al 模量以及塑性的提高很可能与 Cr、Mo 提高了 Fe_3Al 原子间电子的相互作用强度有关。

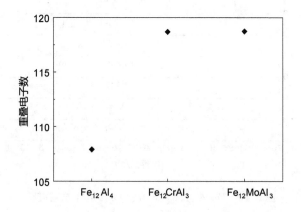

图 3.11 $Fe_{12}Al_4$、$Fe_{12}CrAl_3$ 和 $Fe_{12}MoAl_3$ 的重叠电子数

3.4.4 Cr、Mo 对 Fe_3Al 电子布居数的影响

$Fe_{12}Al_4$、$Fe_{12}CrAl_3$ 以及 $Fe_{12}MoAl_3$ 的 Mulliken 电子布居数如表 3.11~表 3.13 所示。$Fe_{12}Al_4$ 原子间电荷转移总量为 0.64(0.08×8);Cr、Mo 添加后,电荷转移总数分别为 1.11(0.05+0.13×8+0.02)和 1.53(0.18×8+0.09),电荷转移数量均有增加。电荷转移量大小顺序为 $Fe_{12}MoAl_3 > Fe_{12}CrAl_3 > Fe_{12}Al_4$。

表 3.11 $Fe_{12}Al_4$ 的 Mulliken 电子布居数

原子种类	个数	s 轨道电子布居数	p 轨道电子布居数	d 轨道电子布居数	电子布居总数	电子数
Fe-I	4	0.59	0.62	6.64	7.85	0.15
Fe-II	8	0.49	0.77	6.82	8.08	−0.08
Al	4	0.94	2.04	0	2.98	0.02

Cr 的添加使 Fe-I-Al、Fe-II-Cr 间的电荷转移量明显增加,表明 Cr 增强了 Fe-Cr 间离子键成分的作用,使 Fe-Al 间离子键成分作用出现分化,可以解释 Cr 提高 Fe_3Al 强度和韧性的微观原因。Mo 加入的情况与 Cr 的情况类似,Fe-I-Al、Fe-II-Mo 间的电荷转移量明显增加,Mo 的电荷转移量最大,显示 Mo 对 Fe_3Al 的

离子键成分有增强作用,解释了 Mo 提高 Fe$_3$Al 塑性和强度的微观原因。

表 3.12 Fe$_{12}$CrAl$_3$ 的 Mulliken 电子布居数

原子种类	个数	s 轨道电子布居数	p 轨道电子布居数	d 轨道电子布居数	电子布居总数	电子数
Fe-I	1	0.63	0.81	6.61	8.05	−0.05
Fe-I	3	0.6	0.53	6.64	7.77	0.23
Fe-II	8	0.56	0.79	6.78	8.13	−0.13
Al	3	0.95	2.07	0	3.02	−0.02
Cr	1	2.65	5.92	4.96	13.53	0.47

表 3.13 Fe$_{12}$MoAl$_3$ 的 Mulliken 电子布居数

原子种类	个数	s 轨道电子布居数	p 轨道电子布居数	d 轨道电子布居数	电子布居总数	电子数
Fe-I	1	0.66	0.82	6.61	8.09	−0.09
Fe-I	3	0.59	0.63	6.62	7.84	0.16
Fe-II	8	0.56	0.82	6.8	8.18	−0.18
Al	3	0.94	2.05	0	2.99	0.01
Mo	1	2.68	5.38	4.94	13.00	1

3.4.5 Cr、Mo 对 Fe$_3$Al 电荷密度影响的分析

图 3.12 是 Fe$_{12}$Al$_4$、Fe$_{12}$CrAl$_3$ 和 Fe$_{12}$MoAl$_3$ 晶胞(110)面的差分电荷密度图。图 3.12(a)显示,Fe$_{12}$Al$_4$ 中 Fe-Fe 间的电子云出现重叠现象,具有一定的方向性,而 Fe-Al 间以及 Al-Al 间的电子云出现重叠现象,但方向性不明显。这可能是 Fe$_3$Al 具有一定塑性的微观原因。

Cr、Mo 的加入改变了 Fe 和 Al 原子周围电子排布的形态。如图 3.12(b)所示,加入 Cr 后大部分 Fe-Fe 间的电荷密度提高,且方向性不明显。Fe-Al 间的电荷密度与 Fe$_3$Al 中 Fe-Al 间的电荷密度变化不大,邻近 Cr 原子的少数 Fe-Fe 间的电荷密度,以及 Fe-Cr 间较 Fe$_3$Al 中 Fe-Al 间的电荷密度增大较为明显,可以解释 Cr 加入后 Fe$_3$Al 的塑性有所增强的原因。如图 3.12（c）所示,Mo 的加入对

Fe-Fe 间的电荷密度影响不大,然而使 Fe-Fe 间电荷的方向性变得不明显,Fe-Al 间的电荷密度与 Fe_3Al 中 Fe-Al 间的电荷密度变化不大,Fe-Mo 间较 Fe_3Al 中 Fe-Al 间的电荷密度增大较为明显,可以解释 Mo 加入后对 Fe_3Al 的塑性增强的原因。

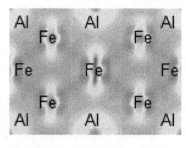

(a) $Fe_{12}Al_4$

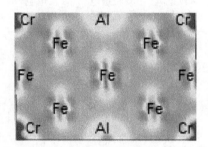

(b) $Fe_{12}CrAl_3$

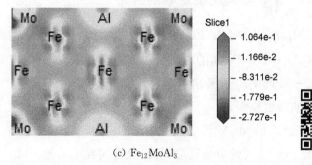

(c) $Fe_{12}MoAl_3$

图 3.12　Fe_3Al 合金化前后晶胞(110)面的差分电荷密度图

3.5　本章小结

本章主要研究了 Cr、Mo 分别固溶替代 Fe-Al 金属间化合物中的两种主要相——B₂-FeAl 相和 DO₃-Fe₃Al 相时，对这两种相的力学性质以及电子结构的影响。分别建立和确定了 FeAl 和 Fe₃Al 二元合金，以及 Cr、Mo 固溶于 FeAl 和 Fe₃Al 三元合金的模型，通过计算和拟合获得 FeAl 相和 Fe₃Al 相的晶格常数和体模量，计算获得了 FeAl 相和 Fe₃Al 相二元合金以及 Cr、Mo 合金化后三元合金的弹性常数、体模量、剪切模量以及弹性模量等力学性质，根据上述力学性质和弹性常数计算获得了 Pugh 模量、泊松比以及 Cauchy 压力常数，以此预测了 Cr、Mo 固溶于 FeAl 相和 Fe₃Al 相三元合金的强韧性作用。基于态密度、电子布居数以及差分电荷密度的计算，分析了 Cr、Mo 对 FeAl 相和 Fe₃Al 相强韧性作用的微观机理。得出的主要结论如下：

（1）结合能的计算结果表明，Cr、Mo 按 6.25% 固溶于 FeAl 时优先替代 Al 原子。通过弹性常数计算，结果显示 Cr、Mo 合金化后均提高了 FeAl 的体模量、剪切模量、弹性模量以及 Pugh 模量、泊松比和 Cauchy 压力常数，表明 Cr、Mo 提高了 FeAl 的强度和韧性。通过态密度、电子布居数以及差分电荷密度的分析发现，这种强韧性的提高可以归因于以下电子结构的变化：Cr、Mo 的添加增加了 FeAl 态密度的成键峰数量，除 Fe 的 s、p、d 轨道和 Al 的 s、p 轨道电子的杂化外，Cr-d 和 Mo-d 轨道电子也参与了 FeAl 的轨道电子杂化，增强了原子间的结合能力；Cr、Mo 使 FeAl 中 Cr-Fe，Mo-Fe 和部分 Fe-Al 间的电荷转移量较合金化前的 Fe-Al 间的电荷转移量增加，从而增强了原子间离子键成分的作用；合金原子与 Fe、Al 原子间的电荷密度增大，提高了 FeAl 的稳定性。

（2）通过与已有实验结果的对比，确定基于 GGA-PW91 交换关联函数计算的 Fe₃Al 的弹性常数、弹性性质计算的结果准确。根据结合能的结果分析，Cr、Mo 均优先替代 Fe₃Al 中的 Al 原子。基于 Pugh 模量、泊松比和 Cauchy 压力常数值判定 Fe₃Al 相、Fe₁₂CrAl₃ 相以及 Fe₁₂MoAl₃ 相均具有本征塑性。根据 Cauchy 压力常数值以及已有研究结果分析，Cr、Mo 的添加均提高了 Fe₃Al 的强度和韧性。电子结构分析显示：Cr、Mo 提高了 Fe₃Al 的重叠电子数，增强了其原子键合的能力；Fe₃Al 中 Fe-Fe 间的电子云出现重叠现象且具有一定的方向性，而 Fe-Al 间和 Al-Al 间的电子云方向性不明显；Cr 合金元素的添加对 Fe₃Al 中 Cr-Fe 间和

Cr-Al间的电荷密度较合金化前 Al-Fe 间及 Al-Al 间的电荷密度有所增强,且减弱了Fe-Fe间的方向性,可以解释 Cr 对 Fe_3Al 的塑性略有提升的原因;而 Mo 的加入使 Fe 原子间电子云的方向性变得不明显,Fe-Mo 间较 Fe_3Al 二元合金中 Fe-Al 间的电荷密度增大较为明显,可以解释 Mo 加入后 Fe_3Al 的塑性增强的原因。

第 4 章 Cr、Mo 对 FeAl 和 Fe₃Al 的价电子结构和韧性影响的固体与分子经验电子理论研究

4.1 引言

价键理论应用量子力学原理在简单体系中所得到的结论,分析实验信息,研究分子的原子间排列、电子结构以及性质的整体规律。其核心思想是电子配对形成定域化学键,主要描述分子中的共价键和共价结合,通过电子配对求分子薛定谔方程的近似解。L. Pauling 等人基于离子的电荷及半径,提出了配位规则,从而建立了杂化轨道理论,将近代价键理论基础综合为价键理论。Pauling 的价键理论成功地揭示了纯金属的晶体结构和化合物分子结构,有助于指导化合物设计。然而,较难处理任意成分含量的化合物或固溶体。1978 年余瑞璜基于杂化轨道理论提出了固体与分子经验电子理论(EET),用于描述固体或分子的原子价层电子分布[130, 175]。EET 可以将原子外层电子分配至晶体的各共价键,以此确定原子所处的状态,此外,可以根据原子的状态参数对晶体以及合金中的各种问题加以讨论。相关研究人员针对 78 种元素以及千余种晶体与分子结构,结合多种实验手段,如电子衍射、中子衍射、穆斯堡尔效应、微波分析等,以及通过能带理论、电子浓度理论和共价键理论等分析和总结,证明该理论在一级近似范围内正确。

EET 的计算主要基于"四个假设和一个方法","一个方法"即指键距差(BLD)分析法[130, 175],在实际化合物的应用过程中,采用 BLD 分析法进行计算时,需要求解大量的方程,本研究中需要进行 $10^5 \sim 10^6$ 级数数据的处理,由于没有找到完善的软件计算系统,因此本研究自主开发了"BLD 计算系统"来解决实际计算问题。

本章阐述了 EET 以及计算方法,介绍了自主开发的 BLD 计算系统,研究了 Cr、Mo 对 B_2-FeAl 相以及 DO_3-Fe₃Al 相价电子结构和韧性的影响。

4.2 固体与分子经验电子理论以及应用系统开发

4.2.1 固体与分子经验电子理论

L. Pauling 提出的杂化轨道理论建立在应用状态叠加原理、电子云最大重叠原理以及轨道成键能力与状态函数角分布最大值的关系上,提出了如式(4.1)所示的两个原子 u、v 间的键长公式,其中 $D_{uv}(n)$ 为原子 u 和 v 间的键长,n 为 u、v 键上的共价电子数,$R_u(1)$ 和 $R_v(1)$ 分别为原子 u、v 的单键半距,β 为常数。

$$D_{uv}(n) = R_u(1) + R_v(1) - \beta \lg n \tag{4.1}$$

EET 主要包括"四个假设和一个方法",四个假设如下:

假设 1:固体与分子中,原子通常由两种状态杂化而成,这两种状态分别被称为 h 态和 t 态,其中至少一种为基态或邻近基态。这两种状态均有各自的共价电子数 n_c、晶格电子数 n_l 以及单键半距 $R(1)$。

假设 2:通常,杂化状态都是不连续的,t 态成分 c_t 可以由式(4.2)和式(4.3)求出:

$$k = \frac{\tau' l' + m' + n'}{\tau l + m + n} \sqrt{\frac{l' + m' + n'}{l + m + n}} \frac{l \pm \sqrt{3m} \pm \sqrt{5n}}{l' \pm \sqrt{3m'} \pm \sqrt{5n'}} \tag{4.2}$$

$$c_t = \frac{1}{1 + k^2} \tag{4.3}$$

式(4.2)中的 l,m,n 和 l',m',n' 分别用来表示 h 态和 t 态的 s,p,d 轨道的价电子数。由于式(4.2)中出现了 4 处"±",因此 k 值有多个。而式(4.3)的 c_t 值是根据 k 值计算的,因此也有多个,用 $c_{t\sigma}$ 表示多个 c_t,其中 σ 表示第 σ 个杂化阶数。τ 和 τ' 用于表示 h 态和 t 态的 s 电子的类型,s 为共价电子时取值为 $\tau = 1$,$\tau' = 0$;s 为晶格电子时取值为 $\tau = 0$,$\tau' = 1$。

首先需要计算上述假设 2 中提到的化合物中各原子的不连续双态杂化阶数。本书中涉及的 Fe、Al、Cr 和 Mo 元素的杂化双态[174]如下所示,其中 ↑ 表示磁电子,‖ 表示哑对电子,φ 表示晶格电子,· 表示共价电子,• 表示等效共价电子,○ 表示空的电子轨道。

Fe 的杂化双态：

h 态：$3d^6 4s^2 \rightarrow 3d^5 4s^2 p'^1$

t 态：$3d^8 \rightarrow 3d^6 4s'^1 p'^2$

$l = 2$，$m = 1$，$n = 2$，$\tau = 0$；$l' = 1$，$m' = 2$，$n' = 3$，$\tau' = 1$。

Al 的杂化双态：

h 态：$s^2 p^1$

t 态：$s^1 p^2$

$l = 2$，$m = 1$，$n = 0$，$\tau = 0$；$l' = 1$，$m' = 2$，$n' = 0$，$\tau' = 1$。

Cr 的杂化双态：

h 态：$3d^4 4s^2 \rightarrow 3d^3 4s^2 p^1$

t 态：$3d^5 4s^1 \rightarrow 3d^4 4s^1 4p^1$

$l = 2$，$m = 1$，$n = 3$，$\tau = 0$；$l' = 1$，$m' = 1$，$n' = 1$，$\tau' = 1$。

Mo 的杂化双态：

h 态：$d^3 s^2 p^1 p'^1$

t 态：$d^5 s^1$

$l = 2$，$m = 2$，$n = 2$，$\tau = 0$；$l' = 1$，$m' = 0$，$n' = 3$，$\tau' = 1$。

将上述 l，m，n；l'，m'，n'，以及 τ 和 τ' 的值代入式(4.2)计算得到 Fe、Cr 和 Mo 均有 18 个 k 值，Al 有 6 个 k 值，包括 $k = \infty, 0$ 这两个特殊值。将获得的 k 值代入式(4.3)得到 Fe、Cr、Mo 和 Al 元素的 $c_{t\sigma}$ 值，Fe、Cr 和 Mo 均为 18 个，而 Al 为 6 个，将这些 $c_{t\sigma}$ 值排成序号递增的台阶，σ 表示杂化台阶。

$c_{h\sigma}$ 和 $c_{t\sigma}$ 分别表示第 σ 个杂化台阶的含 h 态和 t 态的成分，$c_{h\sigma}$ 是根据 $c_{t\sigma}$ 的值和式(4.4)计算得到的。$n_{\tau\sigma}$、$n_{c\sigma}$ 和 $n_{l\sigma}$ 分别表示第 σ 个杂化台阶的总价电子数、共价电子数和晶格电子数。$R_\sigma(1)$ 表示元素第 σ 个杂化台阶的单键半距，$R_h(1)$ 和 $R_t(1)$ 分别表示 h 态和 t 态的单键半距，本书中的单键半距均从参考文献中获得。上述变量由式(4.4)所列方程求出。

$$\begin{cases} c_{h\sigma} = 1 - c_{t\sigma} \\ n_{\tau\sigma} = (l+m+n)c_{h\sigma} + (l'+m'+n')c_{t\sigma} \\ n_{c\sigma} = (\tau l+m+n)c_{h\sigma} + (\tau'l'+m'+n')c_{t\sigma} \\ n_{l\sigma} = (1-\tau)lc_{h\sigma} + (1-\tau')l'c_{t\sigma} \\ R_\sigma(1) = R_h(1)c_{h\sigma} + R_t(1)c_{t\sigma} \end{cases} \tag{4.4}$$

本研究中的 Fe、Al、Cr 和 Mo 原子的 $c_{t\sigma}$、$c_{h\sigma}$、$n_{\tau\sigma}$、$n_{c\sigma}$、$n_{l\sigma}$ 以及 $R_\sigma(1)$ 的值采用参考文献中的数值[177]，如表 4.1～表 4.4 所示。

表 4.1　Fe 原子的双态杂化参数表

σ(杂化阶数)	1	2	3	4	5	6
$c_{t\sigma}$ (t 态成分)	0	0.000 8	0.003 2	0.004 4	0.025 1	0.094 2
$c_{h\sigma}$ (h 态成分)	1	0.999 2	0.996 8	0.995 6	0.974 9	0.905 8
$n_{\tau\sigma}$ (总价电子数)	5	5.000 8	5.003 2	5.004 4	5.025 1	5.094 2
$n_{c\sigma}$ (共价电子数)	3	3.002 4	3.009 5	3.013 3	3.075 3	3.282 6
$n_{l\sigma}$ (晶格电子数)	2	1.998 4	1.993 7	1.991 1	1.949 8	1.811 6
$R(1)/\text{Å}$(单键半距/埃)	1.161	1.160 9	1.060 7	1.160 6	1.159	1.153 5
σ(杂化阶数)	7	8	9	10	11	12
$c_{t\sigma}$ (t 态成分)	0.103 2	0.110 5	0.127 4	0.190 3	0.334	0.413 3
$c_{h\sigma}$ (h 态成分)	0.896 8	0.889 5	0.872 6	0.809 7	0.666	0.586 7
$n_{\tau\sigma}$ (总价电子数)	5.103 2	5.110 5	5.127 5	5.190 3	5.334	5.413 3
$n_{c\sigma}$ (共价电子数)	3.309 6	3.331 4	3.382 3	3.570 9	4.002 1	4.24
$n_{l\sigma}$ (晶格电子数)	1.793 6	1.779 1	1.745 1	1.619 4	1.331 9	1.173 4
$R(1)/\text{Å}$(单键半距/埃)	1.152 7	1.152 2	1.150 8	1.145 8	1.134	1.127 9
σ(杂化阶数)	13	14	15	16	17	18
$c_{t\sigma}$ (t 态成分)	0.487	0.571 5	0.790 3	0.947 9	0.971 8	1
$c_{h\sigma}$ (h 态成分)	0.513	0.428 5	0.209 7	0.052 1	0.028 2	0
$n_{\tau\sigma}$ (总价电子数)	5.487	5.571 5	5.790 3	5.947 9	5.971 8	6
$n_{c\sigma}$ (共价电子数)	4.461	4.714 4	5.371	5.843 6	5.915 3	6
$n_{l\sigma}$ (晶格电子数)	1.026	0.857 1	0.419 4	0.104 5	0.056 5	0
$R(1)/\text{Å}$(单键半距/埃)	1.122	1.115 3	1.097 8	1.085 2	1.083 3	1.081

表 4.2　Al 原子的双态杂化参数表

σ(杂化阶数)	1	2	3	4	5	6
$c_{t\sigma}$ (t 态成分)	0	0.016 5	0.086 7	0.764 8	0.948 5	1
$c_{h\sigma}$ (h 态成分)	1	0.983 5	0.913 3	0.235 2	0.051 5	0
$n_{\tau\sigma}$ (总价电子数)	3	3	3	3	3	3
$n_{c\sigma}$ (共价电子数)	1	1.033	1.173 4	2.529 6	2.89 7	3
$n_{l\sigma}$ (晶格电子数)	2	1.967	1.826 6	0.470 4	0.103	0
$R(1)/Å$(单键半距/埃)	1.19	1.19	1.19	1.19	1.19	1.19

表 4.3　Cr 原子的双态杂化参数表

σ(杂化阶数)	1	2	3	4	5	6
$c_{t\sigma}$ (t 态成分)	0	0.014 9	0.048 5	0.063 1	0.122 1	0.319 3
$c_{h\sigma}$ (h 态成分)	1	0.985 1	0.951 5	0.936 9	0.877 9	0.680 7
$n_{\tau\sigma}$ (总价电子数)	6	5.955 3	5.854 4	5.810 8	5.633 7	5.042 1
$n_{c\sigma}$ (共价电子数)	4	3.985 1	3.951 5	3.936 9	3.877 9	3.680 7
$n_{l\sigma}$ (晶格电子数)	2	1.970 2	1.902 9	1.873 9	1.755 8	1.361 4
$R(1)/Å$(单键半距/埃)	1.067	1.069 5	1.075 1	1.077 5	1.087 4	1.120 2

σ(杂化阶数)	7	8	9	10	11	12
$c_{t\sigma}$ (t 态成分)	0.351 3	0.382 3	0.602 8	0.646 2	0.706 8	0.836 5
$c_{h\sigma}$ (h 态成分)	0.648 7	0.617 7	0.397 2	0.353 8	0.293 2	0.163 5
$n_{\tau\sigma}$ (总价电子数)	4.946	4.853 2	4.191 7	4.061 3	3.879 7	3.490 4
$n_{c\sigma}$ (共价电子数)	3.648 7	3.617 7	3.397 2	3.353 8	3.293 2	3.163 5
$n_{l\sigma}$ (晶格电子数)	1.297 4	1.235 4	0.794 5	0.707 5	0.586 5	0.326 9
$R(1)/Å$(单键半距/埃)	1.125 6	1.130 7	1.167 5	1.174 7	1.184 8	1.206 5

σ(杂化阶数)	13	14	15	16	17	18
$c_{t\sigma}$ (t 态成分)	0.871	0.977 8	0.997 5	0.999 4	0.999 8	1
$c_{h\sigma}$ (h 态成分)	0.129	0.022 2	0.002 5	0.000 6	0.000 2	0
$n_{\tau\sigma}$ (总价电子数)	3.387	3.066 6	3.007 4	3.001 9	3.000 7	3
$n_{c\sigma}$ (共价电子数)	3.129	3.022 2	3.002 5	3.000 6	3.000 7	3
$n_{l\sigma}$ (晶格电子数)	0.258	0.044 4	0.004 9	0.001 3	0.000 5	0
$R(1)/Å$(单键半距/埃)	1.212 2	1.23	1.233 3	1.233 6	1.233 7	1.233 7

表 4.4　Mo 原子的双态杂化参数表

σ（杂化阶数）	1	2	3	4	5
$c_{t\sigma}$（t 态成分）	0	0.176 1	0.380 7	0.486 9	0.627 2
$c_{h\sigma}$（h 态成分）	1	0.823 9	0.619 3	0.513 1	0.372 8
$n_{\tau\sigma}$（总价电子数）	6	5.647 9	5.238 6	5.026 1	4.745 6
$n_{c\sigma}$（共价电子数）	4	4	4	4	4
$n_{l\sigma}$（晶格电子数）	2	1.647 9	1.238 6	1.026 1	0.745 6
$R(1)/\text{Å}$（单键半距/埃）	1.400 7	1.325 4	1.237 8	1.192 3	1.132 3
σ（杂化阶数）	6	7	8	9	10
$c_{t\sigma}$（t 态成分）	0.731 9	0.828 8	0.88 2	0.955 6	1
$c_{h\sigma}$（h 态成分）	0.268 1	0.171 2	0.118	0.044 5	0
$n_{\tau\sigma}$（总价电子数）	4.536 1	4.342 5	4.236 1	4.088 9	4
$n_{c\sigma}$（共价电子数）	4	4	4	4	4
$n_{l\sigma}$（晶格电子数）	0.536 1	0.342 5	0.236 1	0.889	0
$R(1)/\text{Å}$（单键半距/埃）	1.087 5	1.046 1	1.023 3	0.991 8	0.972 8

假设 3：两个原子 u 和 v 在结构中通常存在共价电子对，用 n_α 表示该对数，α 代表 A，B，C 等不同的键；共价键距被定义为 u、v 这两个原子的间距，用 $D_{uv}(n_\alpha)$ 表示。式（4.5）为 $D_{uv}(n_\alpha)$、$R_u(1)$、$R_v(1)$ 和 n_α 之间的关系。式（4.5）中的 $\beta = 0.6$ Å。

$$D_{uv}(n_\alpha) = R_u(1) + R_v(1) - \beta \lg n_\alpha \qquad (4.5)$$

假设 4：假定等效价电子在固体和分子中。过渡元素以及 Ga（镓）、In（铟）和 Tl（铊）中，原子有部分外壳的 d 电子扩散到远的空间，使其对相邻原子的共格键距与更外层壳的 s 或 p 电子等效。这种来源于 d 电子而与 s，p 电子等效的电子表示为 s′ 和 p′，来源于 p 电子而与 s 等价的电子表示为 s″。

"一个方法"所指的 BLD 分析法用于计算固体与分子系统的共价电子结构。具体计算方法如下：

（1）首先，式（4.6）建立系统中所有最近邻共价键实验键距的方程共 N 个，N 为系统中最邻近共价键的个数，A 表示材料的一个键，α' 为其余的（$N-1$）个键。

（2）计算任意一个实验键距与键 A 的键距差，得到式（4.7），解式（4.7）展开的 $N-1$ 方程，得到（$N-1$）个 n_α'/n_A 的值。

（3）式(4.8)建立了 n_A 的方程,系统中所有电子所提供的共价电子总和 $\sum n_c$ 等于各共价键上的共价电子总和 $\sum I_a n_a$,I_a 表示每种键的个数。

（4）将式(4.8)的解 n_A 和式(4.9)的解 $n_a{}'$ 分别代入式(4.10),可以求出所有的理论键距 $\overline{D_{uv}(n_a)}$。

$$\begin{cases} D_{uv}(n_A) = R_u(1) + R_v(1) - \beta\lg n_A & (1) \\ D_{st}(n_a{}') = R_s(1) + R_t(1) - \beta\lg n_a{}' & (2)\sim(n) \end{cases} \quad (\alpha' = B, C, D, \cdots, N)$$
$$(4.6)$$

$$\lg(n_a{}'/n_A) = [D_{uv}(n_A) - D_{st}(n_a{}') + R_s(1) + R_t(1) - R_u(1) - R_v(1)]/\beta$$
$$(4.7)$$

$$\sum n_c = \sum I_a n_a = n_A\left(I_A + I_B\frac{n_B}{n_A} + \cdots + I_N\frac{n_N}{n_A}\right) \quad (4.8)$$

$$n_a{}' = n_A \cdot (n_a{}'/n_A) \quad (4.9)$$

$$\overline{D_{uv}(n_a)} = R_u(1) + R_v(1) - \beta\lg n_a \quad (4.10)$$

计算出键距的理论计算值 $\overline{D_{uv}(n_a)}$,由于元素有多个杂化阶数,理论计算值也为多个值,其个数为各元素杂化阶数的乘积。当键距的理论计算值与实验值的差 ΔD_{na} 小于 0.05 Å 时,理论计算值为有效值。本书中实验键距值为通过 CASTEP 软件计算的各最邻近键的键长。

如何从有效理论计算值中判断最可几理论计算值是 EET 理论的一个重要内容,本书中我们采用刘志林[174]提出的合金电子结构参数统计值方法加以判断。计算共价电子数 n_A 的统计值 n_A',与统计值 n_A' 最接近的 n_A 所对应的杂化台阶为最终确定的杂化台阶,由此可以确定对应的共价电子数 n_c 和晶格电子数 n_l。共用电子数的统计值 n_A' 由式(4.11)计算获得,其中 n_{Ai} 为任意一个有效键距理论值所对应的原子组态上 n_A 的值,C_i 为该组态在有效理论计算值中出现的概率。共价电子数的大小表示键的共价键作用的强弱,系统晶格电子数总数的大小表示材料范性(韧性)的强弱。

$$n_A' = \sum_{i=1}^{\sigma_M} n_{Ai} C_i \quad (4.11)$$

4.2.2　计算键距差系统的开发

4.2.2.1　开发技术及运行环境

计算键距差系统的开发采用 Flash RIA 技术,其中程序设计语言采用 ActionScript 3.0,开发平台采用 Flash CS4。Flash 是主流的交互式矢量动画设计技术,其特点为容易设计并可以较为便捷地制作平面和动画素材以及动画作品等。ActionScript 语言是应用于 Flash 的脚本语言,与 Flash 可视化部分相结合,可以实现对可视化元件进行交互操作的功能。经过 1.0 和 2.0 版本,目前 ActionScript 已经发展到 3.0 版本,已经成为严谨的面向对象程序设计语言,可以实现大型的系统化程序设计,在 Flash CS3、Flash CS4 等系列开发平台上进行开发[174],本书采用 Flash CS4 平台开发。RIA(Rich Internet Applications)技术为富互联网客户端应用程序,与传统页面注重下载速度等因素所具有的轻量化倾向相比,RIA 具有相当于桌面程序的表现效果,特别是在数据处理方面,RIA 可以进行完整的数据处理[174]。本研究开发的“键距差计算系统”的计算结果庞大,需要输出至文件中用于分析和保存,因此,本研究采用 RIA 技术实现。

本应用系统可以安装在 Windows 7 等操作系统上,计算结果以文本文件格式输出、保存。

4.2.2.2　系统设计与实现

系统按照功能主要分为前台界面和后台计算两大部分,前台界面设计如图4.1

图 4.1　“键距差计算系统”运行界面

所示,其作用为供用户输入合金中的元素原子、原子个数、各成键的键长以及各成键的个数等数值,用户输入相应数值后,按"Calculate"按钮后即可提交给后台程序加以计算。而后台计算部分完成系统的计算任务,其流程如图 4.2 所示。

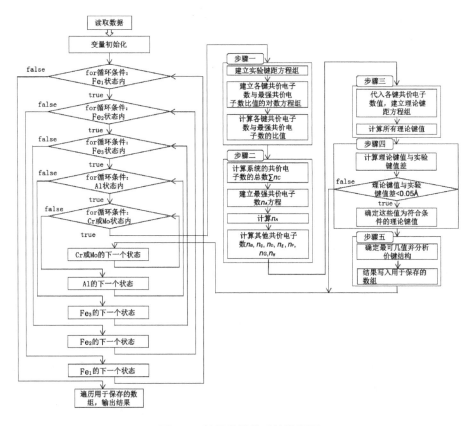

图 4.2　键距差计算系统流程图

根据表 4.1～表 4.4 中列出的 Fe、Al、Cr 和 Mo 原子的 $c_{t\sigma}$、$c_{h\sigma}$、$n_{\tau\sigma}$、$n_{c\sigma}$、$n_{l\sigma}$ 以及 $R_\sigma(1)$ 的值,合金中的元素原子、原子个数、各成键的键长以及各成键的个数等数值,其中各成键的键长以及该键的个数采用基于 CASTEP 计算获得的相应数值,从图 4.1 的界面读取相应数值。由于 Fe、Al、Cr 和 Mo 均有多个杂化状态,其中 Fe、Cr 和 Mo 有 18 个,而 Al 有 6 个,而每个杂化状态均对应数个方程求解。此外,以 DO_3 型 X-Fe₃Al 为例,其中的 Fe 原子具有 3 种不同状态。因此,系统主程序设计了 5 个嵌套的循环语句,循环变量分别为 Fe₁、Fe₂、Fe₃、Al 以及合金元素(Cr 或 Mo)。循环主体部分的计算内容主要依据式(4.6)～式(4.10)加以实现,本书共分为五个步骤对计算部分加以描述。

(1) 步骤一的目标是求共价电子数与最强共价电子数比值 $n_{a'}/n_A$。依据式 (4.6)建立合金的键距方程组,其方程个数为合金中存在的最邻近共价键的个数,如 DO_3 型 $X\text{-}Fe_3Al$ 中存在 8 组成键,则建立 8 个键距方程。n_A 为最短键上的共价电子数,其他键上的共价电子数分别表示为 n_B 至 n_H。根据式(4.7)建立各成键的共价电子数与最强共价电子数比值的对数 $[\lg(n_{a'}/n_A)]$ 方程组。基于键距方程组和共价电子数与最强共价电子数比值方程组,计算获得($N-1$)个共价电子数与最强共价电子数比值的对数 $\lg(n_a{'}/n_A)$,即可求出共价电子数与最强共价电子数比值 $n_{a'}/n_A$。

(2) 步骤二的目标是求除最强共价电子数以外的其他共价电子数。计算得到合金系统所有共价电子数的总数 $\sum n_c$ 后,依据式(4.8)建立最强共价电子数 n_A 方程,从而计算获得 n_A。根据式(4.9),已知 n_A 值和 $n_{a'}/n_A$ 值,即可计算出 $n_{a'}$ 值,即除最强共价电子数以外的其他共价电子数 n_B, n_C, n_D, n_E, n_F, n_G, n_H 的值,以 DO_3 型 $X\text{-}Fe_3Al$ 合金为例,有 7 个 $n_{a'}$ 值。

(3) 步骤三的目标是计算所有理论键值。步骤二完成后,式(4.10)中计算理论键距计算值 $\overline{D_{uv}(n_a)}$ 所需的值均已具备。代入各键共价电子数值,建立理论键距方程组,计算所有理论键值。

(4) 步骤四的目标是确定符合理论键值与实验键值差<0.05 Å 条件的理论键距值。步骤三完成后,已知理论键值,即可计算理论键值与实验键值的差值。依据 4.2.1 中的判定条件,与实验键值差<0.05 Å 的理论键值为符合条件的理论键值。

(5) 步骤五是确定最可几值并通过分析符合条件的理论键值,从而获得这些值所对应的各元素原子的杂化台阶,并计算用于判断合金韧性的晶格自由电子数等研究中需要讨论的数据,并将这些信息保存至用于记忆输出信息的数组。判断最可几值的方法为,依据式(4.11)计算所有符合条件的共价电子数 n_A 的统计值 n_A',具有与该 n_A' 值最接近的共价电子数的状态为最可几状态。

当所有循环条件均不满足,即循环部分完成后,循环遍历用于保存信息的数据,将所有数据写入指定的本机文件中,用于后期进一步分析和存档。

4.3 Cr、Mo 对 $B_2\text{-}FeAl$ 价电子结构和韧性的影响

本章中的 $B_2\text{-}FeAl$ 以及 Cr、Mo 合金化的 $B_2\text{-}FeAl$ 模型均采用 3.2.2 中的超胞结构,相关的晶体结构如图 3.1 所示。

4.3.1　B₂-FeAl 的价电子结构

依据 4.2 中记述的算法进行 B_2-FeAl 的价电子结构计算时,各类共价键的实验键距采用如 3.2.1 基于密度泛函理论计算方法获得的各成键的键长值,计算得到的 Fe_8Al_8 中各类键和键长(键距)如表 4.5 所示。

表 4.5　Fe_8Al_8 的主要键参数

键的类型	键数 I_k	计算获得的实验键距 $D_k/\text{Å}$
Fe-Al 键	$I_1 = 64$	$D_1 = 2.471\ 2$
Fe-Fe 键	$I_2 = 12$	$D_2 = 2.853\ 5$
Al-Al 键	$I_3 = 12$	$D_3 = 2.853\ 5$

Fe 原子有 18 个杂化阶数,Al 原子有 6 个杂化阶数,因此 B_2-FeAl 合金中 Fe 和 Al 原子共有 108 种可能的电子杂化组态。将表 4.5 中的参数输入本研究开发的"BLD 计算系统",得到符合键距差 $\Delta D < 0.05$ Å 的有效杂化组态 46 个。在 46 个有效杂化组态中最强共价电子数 n_A 的值在 0.457~0.728 之间,晶格电子总数 $\sum n_l$ 的值在 14.23~31.95 之间。键距差 ΔD 的值在 0.002 22~0.049 69 Å 之间。Fe 和 Al 的杂化阶数分别为 1~13 和 1~6 之间。为了确定最可几状态,需要计算表示最强共价电子数的 n_A 值,以及 n_A 的统计值 n_A',经过计算,B_2-FeAl 的 n_A' 为 0.614 9,如表 4.6 所示的杂化状态对应的最强共价电子数与 n_A' 的值最为接近,该状态 Fe 和 Al 的杂化台阶均为 4,晶格电子总数为 19.692。表 4.6 中 Fe(σ) 和 Al(σ) 分别表示 Fe 和 Al 的杂化台阶,n_A、n_B 和 n_C 分别为 Fe-Al 键、Fe-Fe 键和 Al-Al 键的共价电子数,$\sum n_l$ 为系统晶格电子总数。n_A、n_B 和 n_C 存在 $n_A > n_B > n_C$ 的关系,表明 Fe-Al 键的共价键作用最强,Fe-Fe 键的次之,而 Al-Al 键的共价键作用最弱。

表 4.6　B_2-FeAl 键距差分析参数

Fe(σ)	Al(σ)	$\Delta D/\text{Å}$	n_A	n_B	n_C	$\sum n_l$（晶格电子总数）
4	4	0.003 2	0.631	0.239	0.089	19.692

4.3.2 Fe$_8$CrAl$_7$ 和 Fe$_8$MoAl$_7$ 的价电子结构

在 Fe$_8$CrAl$_7$ 和 Fe$_8$MoAl$_7$ 中 Al 分化为 3 种杂化状态。表 4.7 和表 4.8 中分别列出了基于密度泛函理论计算获得的 Fe$_8$CrAl$_7$ 和 Fe$_8$MoAl$_7$ 的主要键参数,表中分别用 Al$_1$、Al$_2$ 和 Al$_3$ 表示 Al 的不同杂化状态。

表 4.7　Fe$_8$CrAl$_7$ 的主要键参数

键的类型	键数 I_k	实验键距 D_k/Å
Cr-Fe	$I_1 = 8$	$D_1 = 2.404\ 72$
Al$_1$-Fe	$I_2 = 8$	$D_2 = 2.512\ 91$
Al$_2$-Fe	$I_3 = 24$	$D_3 = 2.477\ 37$
Al$_3$-Fe	$I_4 = 24$	$D_4 = 2.441\ 31$
Fe-Fe	$I_5 = 12$	$D_5 = 2.776\ 73$
Al$_1$-Al$_2$	$I_6 = 3$	$D_6 = 2.839\ 19$
Al$_2$-Al$_3$	$I_7 = 6$	$D_7 = 2.839\ 19$
Al$_3$-Cr	$I_8 = 3$	$D_8 = 2.839\ 19$

表 4.8　Fe$_8$MoAl$_7$ 的主要键参数

键的类型	键数 I_k	实验键距 D_k/Å
Mo-Fe	$I_1 = 8$	$D_1 = 2.478\ 86$
Al$_1$-Fe	$I_2 = 8$	$D_2 = 2.478\ 64$
Al$_2$-Fe	$I_3 = 24$	$D_3 = 2.478\ 71$
Al$_3$-Fe	$I_4 = 24$	$D_4 = 2.478\ 79$
Fe-Fe	$I_5 = 12$	$D_5 = 2.862\ 09$
Al$_1$-Al$_2$	$I_6 = 3$	$D_6 = 2.862\ 21$
Al$_2$-Al$_3$	$I_7 = 6$	$D_7 = 2.862\ 21$
Al$_3$-Mo	$I_8 = 3$	$D_8 = 2.862\ 21$

如前所述,Fe、Al、Cr 和 Mo 的杂化状态分别为 18、6、18 和 10。Cr、Mo 的添加使 Al 原子出现 3 种杂化状态,通过计算发现这 3 种状态 Al$_1$、Al$_2$ 和 Al$_3$ 的杂化阶数均不相同,因此 Fe$_8$CrAl$_7$ 合金中 Fe、Al 以及 Cr 原子共有 38 880 种可能的电子杂化组态,而 Fe$_8$MoAl$_3$ 合金中 Fe、Al 以及 Mo 共有 21 600 种可能的电子杂化组态。

将表 4.7 中的参数输入本研究开发的"BLD 计算系统"得到:Fe$_8$CrAl$_7$ 有 11 024 个有效杂化组态,在这些有效杂化组态中,n_A 的值在 0.574 9~1.040 5 之间,晶格电子总数的值在 13.734 6～32.471 7 之间。键距差 ΔD 值在 1.295×10^{-7}～0.049 996 Å之间。Fe、Al 和 Cr 的杂化台阶分别在 1～14、1～6 以及 1～18 之间。经过计算,Fe_8CrAl_7 的最强共价电子数统计值 n'_A 为 0.819 9。

同样将表 4.8 中的参数输入"BLD 计算系统",计算获得 Fe_8MoAl_7 有 4 248 个有效杂化组态。在这些有效杂化组态中,n_A 的值在 0.507 2～1.393 6 之间,晶格电子总数的值在 13.434 6～31.677 2 之间。键距差 ΔD 值在 9.186×10^{-6}～0.049 97 Å 之间。Fe、Al 以及 Mo 的杂化台阶分别在 1～14、1～6 以及 1～10 之间。经过计算,Fe_8MoAl_7 的最强共价电子数统计值 n'_A 为 0.850 2。

表 4.9 中列出了与共价电子数统计值最接近的 Fe_8CrAl_7 和 Fe_8MoAl_7 的价电子结构参数,其中 $Fe(\sigma)$、$Al_1(\sigma)$、$Al_2(\sigma)$、$Al_3(\sigma)$ 和 $X(\sigma)$ 分别表示 Fe、Al_1、Al_2、Al_3 和合金元素的杂化阶数,ΔD 为该杂化组态与最小 BLD 的相差值,n_A 为最强共价电子数值,即 Fe-Cr 或 Fe-Mo 键的共价电子数,$\sum n_l$ 为系统晶格电子的总数。

表 4.9 Fe_8CrAl_7 和 Fe_8MoAl_7 的价电子结构分析参数

相	$Fe(\sigma)$	$Al_1(\sigma)$	$Al_2(\sigma)$	$Al_3(\sigma)$	$X(\sigma)$	$\Delta D/Å$	n_A	n'_A	$\sum n_l$
Fe_8CrAl_7	6	2	3	4	17	0.043 7	0.819 9	0.819 9	23.822
Fe_8MoAl_7	10	6	1	2	2	0.042 1	0.850 7	0.850 2	26.504

表 4.10 中列出了 Fe_8CrAl_7 和 Fe_8MoAl_7 的价电子结构参数的统计值 n'_A 和 σ_N。n'_A 是相中最强共价电子数的统计值,作为原子键合力强弱的表征量。σ_N 是相中可能存在的原子组态,是相稳定性的表征量,其数值越大说明该相越稳定。

表 4.10 Fe_8CrAl_7 和 Fe_8MoAl_7 的 n'_A 值和 σ_N 值

相	n'_A	σ_N
Fe_8CrAl_7	0.819 9	11 024
Fe_8MoAl_7	0.850 2	4 248

4.3.3 分析 Cr、Mo 对 B_2-FeAl 韧性和共价电子结构的影响

晶格电子数的多少表明相的韧性的强弱,晶格电子数越多其韧性越强,反之其韧性越弱。图 4.3 为 Fe_8Al_8、Fe_8CrAl_7 和 Fe_8MoAl_7 相的晶格电子数的趋势图。

如图 4.3 所示，分别添加 Cr、Mo 提高了 FeAl 的韧性，3 种相的韧性由强到弱的顺序为 $Fe_8MoAl_7 > Fe_8CrAl_7 > Fe_8Al_8$。此结果与本书 3.3.2 中基于密度泛函理论计算分析得到的结果一致。Cr 提高 FeAl 韧性这一结果也与如前所述的已有实验结果[10,73]相符。

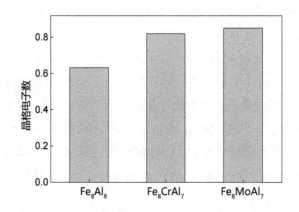

图 4.3 Fe_8Al_8、Fe_8CrAl_7 和 Fe_8MoAl_7 相的晶格电子数

最强共价电子数的统计值 n'_A 是原子键合力强弱的表征量[177]。图 4.4 为 Fe_8Al_8、Fe_8CrAl_7 和 Fe_8MoAl_7 相的最强共价电子数统计值的趋势图。

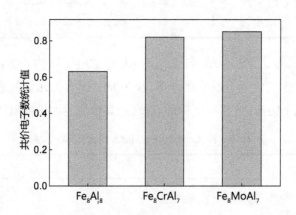

图 4.4 Fe_8Al_8、Fe_8CrAl_7 和 Fe_8MoAl_7 相的最强共价电子数统计值

如图 4.4 所示，添加 Cr、Mo 均提升了 FeAl 的最强共价电子数的统计值。Cr、Mo 的加入，与 Fe 形成的共价键为最强共价键，较之 FeAl 中最强键 Fe-Al 键，其共价电子数的统计值增大，说明合金元素 Cr、Mo 增强了 FeAl 的共价键作用。3 种相的共价键强弱顺序为 $Fe_8MoAl_7 > Fe_8CrAl_7 > Fe_8Al_8$。

4.4　Cr、Mo 对 DO_3–Fe_3Al 电子结构和韧性的影响

本书研究的 DO_3-Fe_3Al 以及 Cr、Mo 合金化的 Fe_3Al 模型采用 3.2.2 中的相应晶胞结构。

4.4.1　DO_3-Fe_3Al 的价电子结构

各类共价键的实验键距采用基于密度泛函理论 GGA-PW91 交换关联函数计算获得的键长值，Fe_3Al 中的各成键以及各成键的键长如表 4.11 所示。

表 4.11　DO_3-Fe_3Al 的主要键参数

键的类型	键数 I_k	实验键距 D_k/Å
Al-Fe_2 键	$I_1=32$	$D_1=2.465\ 3$
Fe_1-Fe_2 键	$I_2=32$	$D_2=2.465\ 3$
Fe_2-Fe_2 键	$I_3=12$	$D_3=2.846\ 69$
Al-Fe_1 键	$I_4=12$	$D_4=2.846\ 69$

如前所述，Fe 和 Al 原子分别有 18 和 6 个杂化阶数，在 DO_3-Fe_3Al 中 Fe 原子有 2 种杂化状态，此处用 Fe_1 和 Fe_2 表示，由于 Fe_1 与 Fe_2 的杂化阶数不同，将表 4.11 中的参数输入"BLD 计算系统"，得到符合键距差 $\Delta D<0.05$ Å 的有效杂化组态有 391 个。在这些有效杂化组态中，最强共价电子数 n_A 的值在 0.607 3～0.779 6 之间，晶格电子总数 $\sum n_l$ 的值在 22.578 8～31.993 6 之间。键距差 ΔD 值在 0.000 11～0.049 93 Å 之间。Fe 和 Al 的杂化阶数分别在 1～14 以及 1～6 之间。DO_3 型 Fe_3Al 的键距差分析参数结果如表 4.12 所示，其中 Fe(σ) 和 Al(σ) 分别表示 Fe 和 Al 的杂化阶数，n_A、n_B、n_C 和 n_D 分别为 Fe_2-Al 键、Fe_1-Fe_2 键、Fe_2-Fe_2 键和 Fe_1-Al 键的电子数，$\sum n_l$ 为系统晶格电子的总数。

Fe_3Al 的最强共价电子数统计值 n_A' 为 0.694 4，与此最为接近的杂化组态如表 4.12 所示，其 Fe_1、FeAl 和 Al 的杂化阶数分别为 10、6 和 1，晶格电子总数为 28.060 8，n_A、n_B、n_C 和 n_D 分别为 Fe_2-Al 键、Fe_1-Fe_2 键、Fe_2-Fe_2 键和 Fe_1-Al 键的共价电子数，存在 $n_A>n_B>n_C>n_D$ 的关系，表明 Fe_2-Al 键的共价键作用最强，其次是 Fe_1-Fe_2 键，Fe_1-Al 键再次之，而共价键作用最弱的为 Fe_2-Fe_2 键。

表 4.12　DO$_3$-Fe$_3$Al 键距差分析参数

Fe$_1$(σ)	Fe$_2$(σ)	Al(σ)	$\Delta D/\text{Å}$	n_A	n_B	n_C	n_D	$\sum n_l$
5	10	3	0.034	0.693 7	0.615 9	0.135 5	0.168 9	28.060 8

4.4.2　Fe$_{12}$CrAl$_3$ 和 Fe$_{12}$MoAl$_3$ 的价电子结构

Fe$_{12}$CrAl$_3$ 和 Fe$_{12}$MoAl$_3$ 的主要键参数如表 4.13 和表 4.14 所示，Cr、Mo 的添加使 Fe 原子分化为 3 种杂化状态，表中分别用 Fe$_1$、Fe$_2$ 和 Fe$_3$ 表示 Fe 的不同状态。

表 4.13　Fe$_{12}$CrAl$_3$ 的主要键参数

键的类型	键数 I_k	实验键距 $D_k/\text{Å}$
Cr-Fe$_3$	$I_1=8$	$D_1=2.391\ 73$
Cr-Fe$_2$	$I_2=3$	$D_2=2.838\ 59$
Al-Fe$_3$	$I_3=24$	$D_3=2.481\ 27$
Al-Fe$_1$	$I_4=3$	$D_4=2.838\ 59$
Al-Fe$_2$	$I_5=6$	$D_5=2.838\ 59$
Fe$_1$-Fe$_3$	$I_6=8$	$D_6=2.524\ 85$
Fe$_2$-Fe$_3$	$I_7=24$	$D_7=2.436\ 91$
Fe$_3$-Fe$_3$	$I_8=12$	$D_8=2.761\ 74$

表 4.14　Fe$_{12}$MoAl$_3$ 的主要键参数

键的类型	键数 I_k	实验键距 $D_k/\text{Å}$
Mo-Fe$_3$	$I_1=8$	$D_1=2.457\ 27$
Mo-Fe$_2$	$I_2=3$	$D_2=2.856\ 71$
Al-Fe$_3$	$I_3=24$	$D_3=2.479\ 6$
Al-Fe$_1$	$I_4=3$	$D_4=2.856\ 71$
Al-Fe$_2$	$I_5=6$	$D_5=2.856\ 71$
Fe$_1$-Fe$_3$	$I_6=8$	$D_6=2.490\ 7$
Fe$_2$-Fe$_3$	$I_7=24$	$D_7=2.468\ 46$
Fe$_3$-Fe$_3$	$I_8=12$	$D_8=2.837\ 41$

如前所述，Fe$_{12}$CrAl$_3$ 和 Fe$_{12}$MoAl$_3$ 中 Fe 原子的不同状态分别用 Fe$_1$、Fe$_2$ 和 Fe$_3$ 表示，Fe$_1$ 和 Fe$_2$ 为位于小晶胞顶点的原子，Fe$_3$ 为位于小晶胞中心的原子，这 3 种状态对应的杂化台阶不同。已知 Fe、Al、Cr 和 Mo 的杂化状态分别为 18、6、18 和 10，Fe$_{12}$CrAl$_3$ 中 Fe、Al 和 Cr 共有 528 768 种可能的电子杂化组态，而

$Fe_{12}MoAl_3$ 中 Fe、Al 和 Mo 共有 293 760 种可能的电子杂化组态。

分别将表 4.13 和表 4.14 的参数输入"BLD 计算系统"得到：$Fe_{12}CrAl_3$ 有 130 163 个有效杂化组态,其中最强共价电子数 n_A 的值在 0.632～1.187 之间,晶格电子总数 $\sum n_l$ 的值在 19.342～31.350 3 之间。键距差 ΔD 的值在 4.132×10^{-7}～0.049 999 6 Å 之间,Fe、Al 和 Cr 分别在 1～18、1～6 以及 1～18 台阶之间杂化,最强共价电子数统计值 n'_A 为 0.927 5；而 $Fe_{12}MoAl_3$ 有 35 259 个有效杂化组态,其中 n_A 的值在 0.672 6～1.65、$\sum n_l$ 值在 20.855～31.988 9 以及 ΔD 的值在 1.334×10^{-6}～0.049 999 6 Å 之间,Fe、Al 和 Mo 在 1～18、1～6 以及 1～10 台阶之间均出现杂化,n'_A 值为 1.116。与共价电子数统计值最接近的 $Fe_{12}CrAl_3$ 和 $Fe_{12}MoAl_3$ 价电子结构参数如表 4.15 所示。

表 4.15　$Fe_{12}CrAl_3$ 和 $Fe_{12}MoAl_3$ 价电子结构分析参数

相	$Fe_1(\sigma)$	$Fe_2(\sigma)$	$Fe_3(\sigma)$	$Al(\sigma)$	$X(\sigma)$	$\Delta D/\text{Å}$	n_A	n'_A	$\sum n_l$
$Fe_{12}CrAl_3$	16	4	2	1	16	0.026	0.927 5	0.927 5	28.066 1
$Fe_{12}MoAl_3$	10	12	1	3	2	0.004 7	1.116	1.116	28.267 3

4.4.3　Cr、Mo 的添加对 DO₃-Fe₃Al 韧性和共价电子结构的影响

如前所述,原子有效杂化状态组数可以表征相稳定性,图 4.5 是 Fe₃Al 合金前

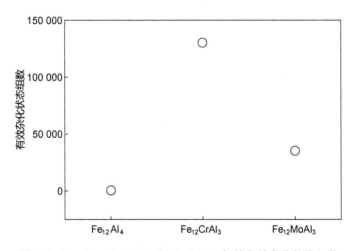

图 4.5　$Fe_{12}Al_4$、$Fe_{12}CrAl_3$ 和 $Fe_{12}MoAl_3$ 相的有效杂化状态组数

后各相的有效杂化状态组数趋势图。图4.5显示 Cr、Mo 的加入增加了 Fe$_3$Al 的原子有效杂化状态组数,表明这两种合金元素均有提高 Fe$_3$Al 稳定性的作用。

图 4.6 显示了 Fe$_3$Al、Fe$_{12}$CrAl$_3$ 和 Fe$_{12}$MoAl$_3$ 相的晶格电子数的趋势,添加 Cr 对 Fe$_3$Al 的韧性有小幅提升,而添加 Mo 对 Fe$_3$Al 的韧性提升较大。

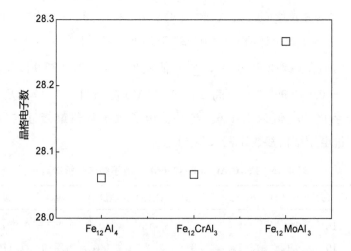

图 4.6　Fe$_{12}$Al$_4$、Fe$_{12}$CrAl$_3$ 和 Fe$_{12}$MoAl$_3$ 相的晶格电子数

如前所述,可以基于最强共价电子数统计值的大小预测相的韧性强弱,图 4.7 为 Fe$_3$Al、Fe$_{12}$CrAl$_3$ 和 Fe$_{12}$MoAl$_3$ 相的最强共价电子数统计值的趋势图。图4.7 表明 Cr、Mo 均提升了 Fe$_3$Al 的最强共价电子数统计值。Fe$_{12}$CrAl$_3$ 和 Fe$_{12}$MoAl$_3$

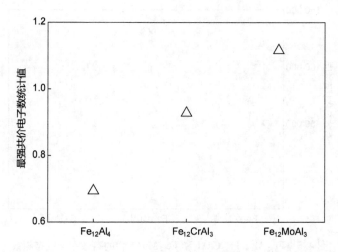

图 4.7　Fe$_{12}$Al$_4$、Fe$_{12}$CrAl$_3$ 和 Fe$_{12}$MoAl$_3$ 相的最强共价电子数统计值

中，Fe-Cr 和 Fe-Mo 均为最强共价键，较之 Fe$_3$Al 中的最强共价键 Fe-Al，其共价电子数统计值有明显增大，显示 Cr、Mo 增强了 Fe$_3$Al 的共价键作用，而 Mo 的增强效应更为显著。

4.5　本章小结

本章基于 EET 研究了 Cr、Mo 固溶对 FeAl 和 Fe$_3$Al 韧性的影响，介绍了 EET 的基本假设以及 BLD 计算方法，创新性地将基于密度泛函理论计算获得的键长和键数等数值作为实验键距值应用于 BLD 计算中，由于基于密度泛函理论计算获得的晶格常数在第 3 章中已经说明了其正确性，改进了由于三元合金元素固溶带来的晶格畸变，使以往同类研究中采用单纯基于晶格常数计算的键长存在误差的问题得到解决。本章完成的主要工作和结果如下：

（1）基于 EET 以及 BLD 方法，由于 BLD 计算时需要大量求解方程，自主研发了"BLD 计算系统"，并应用该系统进行了 Cr、Mo 合金对 FeAl 及 Fe$_3$Al 价电子结构影响的研究。

（2）基于杂化组态以及共价电子数的计算以及相关判据，Cr、Mo 均增强了 FeAl 以及 Fe$_3$Al 的共价键作用，且其共价键强弱顺序分别为 Fe$_8$MoAl$_7$ > Fe$_8$CrAl$_7$ > Fe$_8$Al$_8$，Fe$_{12}$MoAl$_3$ > Fe$_{12}$CrAl$_3$ > Fe$_{12}$Al$_4$。同时，Cr、Mo 的添加大幅增加了 FeAl 以及 Fe$_3$Al 中的原子有效杂化状态组数，表明 Cr、Mo 增加了 FeAl 和 Fe$_3$Al 的稳定性。

（3）基于晶格电子数的计算以及相关判据，Cr、Mo 均提高了 FeAl 相以及 Fe$_3$Al 相的晶格电子数，据此预测 Cr、Mo 的加入提升了 FeAl 及 Fe$_3$Al 的韧性，其中 Mo 的增强效应更为明显。

第 5 章　点缺陷、Cr 和 Mo 原子对 FeAlΣ3(10$\overline{1}$)[111]晶界电子结构的影响

5.1　引言

　　晶界是多晶材料中两个相邻晶粒的分界面,相邻晶粒的方向不同,晶界为原子从一种排列取向至另一种取向的过渡区域。单晶体和多晶体的示意图如图 5.1 所示,单晶体中的所有原子均规则排列,而多晶体中同一晶粒内原子为规则排列,不同晶粒内的原子排列取向不同,分割不同晶粒间的过渡区域即为晶界。多晶材料的性质既与晶体结构有关,又与晶界有很大关系。由于实际应用的合金几乎均为多晶材料,晶界对材料的物理化学性质具有重要影响。晶界处杂质的偏析、晶界应力的腐蚀开裂等与晶界相关的作用对材料的宏观机械性能有很大影响。材料微观的电子和原子结构与宏观的性能有紧密联系[176],近年来,采用第一性原理方法探索单一杂质原子在晶界作用机理的研究增多,相比实验方法的研究,该方法的优点

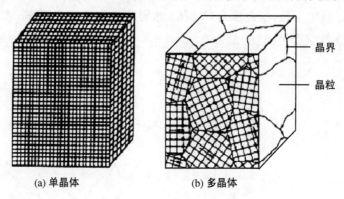

(a) 单晶体　　　　　　　　(b) 多晶体

图 5.1　单晶体与多晶体示意图[178]

是既可以研究原子层面的机理,又可以排除其他因素的影响[177]。

CSL 是晶界中的一个重要种类,其具体含义为:将形成晶界的两个晶粒的点阵表示为 L_1 和 L_2,以 L_1 为参照,将两个晶粒诸如平移或旋转等的相对取向变换通过 L_2 的变换来实现。这两个有相对取向并且相互穿插的点阵如果有阵点重合,则形成了以 L_1 和 L_2 为周期的超点阵,这个超点阵即为 CSL。通常晶界穿过 CSL 的最密排面或密排面时,晶界能较低。Σ 是 CSL 中的一个重要概念,Σ 的倒数表示重合阵点在点阵中的密度,即 L_1 和 L_2 点阵中每 Σ 个阵点则有一个阵点重合[178]。采用第一性原理方法进行 Fe_3Al 和 Fe 晶界的研究多集中在 Σ3 和 Σ5 上[123, 124]。

晶界对材料的物理化学性质具有重要影响。Cohron 等对 FeAl 的本征力学性能进行了研究,发现当 Al 的含量超过 37% 时,在真空和纯氧环境下,FeAl 都呈现本征脆性,而开裂方式由穿晶解理转为沿晶解理,说明 FeAl 存在晶界脆性的问题[179]。Kupka 等的关于 FeAl 的原子长程有序度越高则氢脆性越明显的研究结果[180],说明进行合理的晶界设计可能是降低 FeAl 氢脆性的一种有效途径。

在 FeAl 晶界特征分布中,可以观察到低能大电流脉冲电子束、热轧和铸造处理的试件中的高角晶界占晶界的很大比例[181-184]。CSL 模型可用于描述高角晶界。Bystrzycki 等人发现,在 FeAl 中所谓特殊晶界(Special Grain Boundaries,SGBs)(Σ 为 3~29)的占比不依赖于晶粒大小或纹理,而这两者都可能影响低角晶界的占比[183]。Bystrzycki 等人还发现,在 Al 含量分别为 46%、39% 和 46% 的试样中,SGBs 的比例分别为 9.7%、24.6% 和 27.6%。尽管该文献中没有给出 Σ3 晶界在 SGBs 中的比例,根据 Randle 提出的 Σ3 再生模型和与孪生相关的晶界工程理论,以及阐述的材料中出现大量 Σ3 晶界的原因,Σ3 晶界可以被认为占据了一定的比例[185-187]。Randle 的再生模型和与孪生相关的理论状态是,孪生退火后 CSL 中的 Σ3 和 Σ3n 存在较高比例。当 Σ3 遇到一个 Σ3n 时,由于材料[185-187]中存在的大量 Σ3 晶界的位错吸收机制,将产生一个新的边界。此外,一些低 ΣCSL 晶界(如 Σ<29)对于防止[188]晶界的开裂特别有效。因此,Σ1 和 Σ3 比例的增大对提高 B_2 金属间化合物[183]的断裂强度具有重要作用。然而,许多加工方法产生的低角晶界的比例上限为 20%[183]。因此,通过制备技术提高 Σ3 晶界的比例和进一步研究 Σ3 晶界结构都具有重要意义。

杂质的偏析、点缺陷以及晶界应力的腐蚀和开裂都极大地影响着给定材料的宏观力学性能。王译[88]研究了 Cr、Mo 和 Mn 掺杂对 Fe_3Al 晶界的影响,表明合金元素大大增强了晶界。这抑制了室温下颗粒间脆性的发生,其中 Cr 的韧性最强。Grosdidier 等人[181]报告说，在 FeAl 晶界存在许多空位，这些空位会影响硬度。Fu 等人[189]证实确认了退火后 FeAl 晶界处存在空位。Fuks 等[184]研究了 FeAl 相中空位、合金以及空位与合金相混合的形成能。目前,关于 Cr 和 Mo 等常见合金元素对于 FeAl 韧性的影响机理多集中在固溶机理的研究,而关于其对晶界影响的研究尚不多见。此外,关于晶界处的空位形成能等的研究也不多见。

材料的电子和原子结构与其宏观性质有关。用第一性原理方法研究了晶界[190]、相界面[191]和晶体细胞固溶[192]中单个杂质原子的影响,与实验方法相比,其数量有所增加。第一性原理方法在这方面是有利的,因为可以揭示原子层的机制,而其他因素可以排除[193]。Aravindh 等[194-195]利用第一性原理研究了空位、合金元素掺杂以及空位与掺杂的混合对 ZnO 形成能和磁性的影响。

本研究采用第一性原理方法,设计 FeAlΣ3 的 60°晶界模型,预测晶界处的空位情况、不同浓度的 Cr 和 Mo 偏析对 FeAl 晶界的力学性能影响,并研究产生这种影响的电子结构机理。研究结果有利于高效预测特定的晶界结构中空位和不同浓度的合金元素对 FeAl 力学性能的影响,并从电子层次明确这种力学影响的微观机理。这种研究方法可以用于快速筛选出有利的 FeAl 晶界结构,为设计高强度FeAl 材料提供理论基础。

5.2 模型与计算方法

5.2.1 计算模型的建立

首先基于采用文献[154]所计算的晶格常数为 2.853 5 Å 的 FeAl 晶格结构[如图 5.2(a)所示],建立 FeAlΣ3(10$\bar{1}$)CSL 晶界模型。如图 5.2 所示,每个晶胞取 3 层原子,晶界体系中共有 24 个原子,其中铁、铝原子各 12 个的体系记作 $Fe_{12}Al_{12}$。然后分别计算合金元素 Cr、Mo 原子替代晶界中心的 Fe 或 Al 的结合能,判断用于后续计算的合金化 FeAl 晶界的模型。图 5.2(a)为 FeAlΣ3(10$\bar{1}$)晶界模型。图 5.2(b)为空位或合金原子 X(X=Cr, Mo)可能替代 Al 原子位置的FeAl 晶界模型,Al 原子位置为空位时,记作 $Fe_{12}Al_{11}$;合金原子替代一个 Al 原子时,记作 $Fe_{12}Al_{11}X(X=Cr, Mo)$;合金原子替代两个 Al 原子时,记作 $Fe_{12}Al_{10}X_2$(X=Cr, Mo)。图 5.2(c)为空位或合金原子 X(X=Cr, Mo)可能替代 Fe 原子位

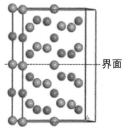

（a）FeAl 晶界模型

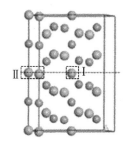

（b）空位或合金原子可能替代 Al 原子位置的 FeAl 晶界模型

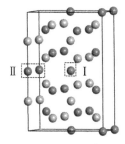

（c）空位或合金原子可能替代 Fe 原子位置的 FeAl 晶界模型

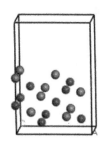

（d）FeAl 晶界的纯净界面模型

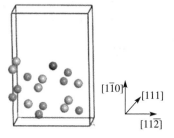

（e）FeAl 晶界含合金元素的纯净界面模型

图 5.2　合金化前后 FeAlΣ3(10$\bar{1}$)晶界相关结构

置的 FeAl 晶界模型，Fe 原子位置为空位时，记作 $Fe_{11}Al_{12}$；合金原子替代一个 Fe 原子时，记作 $Fe_{11}Al_{12}X(X=Cr,\ Mo)$；合金原子替代两个 Fe 原子时，记作 $Fe_{10}Al_{12}X_2$ $(X=Cr,\ Mo)$；晶界处的 Ⅰ 和 Ⅱ 是空位和合金元素可能的位置，根据下文中形成能的计算结果，空位更容易出现在位置 Ⅱ，1 个合金原子时更容易偏析在位置 Ⅰ。当 2 个合金原子偏析在晶界处时，位置 Ⅰ 和 Ⅱ 的原子分别由合金原子替代。合金原子替代一个原子时在晶界体系中的原子占比约为 4.2%，替代两个原子的原子占比约为 8.3%。晶界强化能计算部分所需的纯净界面模型，通过将 FeAl 晶界或

X-FeAl (X=Cr，Mo)晶界以中心界面为界的一半原子去掉加以构筑。图 5.2(d)和(e)分别为 FeAl 晶界和 X-FeAl (X=Cr，Mo)晶界的纯净界面模型。

5.2.2　计算方法

计算采用 CASTEP 软件包，交换关联能采用 GGA 的 PW-91，赝势为超软赝势。主要参数包括：平面波截断能为 420.0 eV；几何结构优化的收敛指标为：体系总能量的收敛值为 1.0×10^{-5} eV·atom^{-1}，每个原子的受力小于 0.05 eV·Å，应力偏差小于 0.1 GPa，公差偏移小于 0.002 Å，SCF 收敛能量为 1.0×10^{-6} eV·atom^{-1}，k-point set 参数为 $5 \times 3 \times 1$。

5.3　FeAlΣ3(10$\bar{1}$)晶界的计算结果与分析

5.3.1　空位和合金元素在 FeAl 晶界的形成能力

为了考察空位和合金元素 Cr 和 Mo 在 FeAl 晶界的形成能力，本研究基于图 5.2(b)和(c)模型，分别计算了 FeAl 晶界中心的空位形成能以及合金元素 Cr 和 Mo 分别替代 FeAl 晶界中心的 Fe 或 Al 原子的替代形成能。其中，空位形成能采用式(5.1)所示的单点空位计算公式[196]，而替代形成能采用式(5.2)所示的公式进行计算[197]。

式(5.1)为单点空位计算公式：

$$E_f(V) = E_{def} - E_{per} + E_{solid}(V) \tag{5.1}$$

式中：E_{def} 为单点空位晶界体系的能量；E_{per} 为完美晶界体系的总能量；$E_{solid}(V)$ 为位于完美晶界体系中空位原子的化学势，其值为纯 A 或 B 物质中每个原子的平均能量值。

合金元素的替代形成能计算公式如式(5.2)所示：

$$E_f = E_{tot}(A_a B_b C_c) - a E_{solid}(A) - b E_{solid}(B) - c E_{solid}(C) \tag{5.2}$$

式中：A、B 和 C 分别代表 Fe、Al 和 X（X= Cr，Mo）；$E_{tot}(A_a B_b C_c)$ 代表含有一个或两个合金原子替代的晶界系统的总能量，其中 a 和 b 分别代表 A 和 B 原子的数量，而 c 为替代原子的数量；$E_{solid}(A)$、$E_{solid}(B)$ 和 $E_{solid}(C)$ 分别为 A、B 和 C 原子的化学势，其值为纯 A、B 或 C 物质中每个原子的平均能量值。

　　表 5.1 显示了空位分别占据图 5.2 中(a)和(b)所示的 Al I 和 II 位及 Fe I 和 II 位的空位形成能,以及 Cr 和 Mo 分别替代一个和两个 Al 或 Fe 原子的替代空位形成能。从空位形成能的结果可以看出,在 Fe 原子位置上的空位形成能较在 Al 原子位置上的更低,特别是位于 Fe II 的形成能最低,显示空位易于形成在 Fe 原子位上,这一点与 Fuks 等关于空位在固溶体中更容易形成于 Fe 原子位上的研究结果相一致[184]。表 5.1 也显示了合金元素在 FeAl 晶界中的替代形成能,这些替代形成能包括合金元素按不同含量替代不同的 Fe 或 Al 位置时的替代形成能。结果显示,在 FeAl 晶界体系中合金元素无论替代一个原子还是替代两个原子,Al 原子都是优先被 Cr 和 Mo 原子替代的。这一结果与以往的实验结果相一致[184]。

表 5.1　空位和合金元素在 FeAl 晶界的形成能

	E_f/eV	空位或替代原子
$Fe_{12}Al_{11}$	3.331 2	空位为 Al I
$Fe_{12}Al_{11}$	3.330 5	空位为 Al II
$Fe_{11}Al_{12}$	2.447 8	空位为 Fe I
$Fe_{11}Al_{12}$	1.534 9	空位为 Fe II
$Fe_{12}Al_{11}Cr$	−4.839 0	Cr 替代一个 Al 原子
$Fe_{11}Al_{12}Cr$	−2.539 4	Cr 替代一个 Fe 原子
$Fe_{12}Al_{10}Cr_2$	−3.781 1	Cr 替代两个 Al 原子
$Fe_{10}Al_{12}Cr_2$	−2.453 7	Cr 替代两个 Fe 原子
$Fe_{12}Al_{11}Mo$	−5.437 2	Mo 替代一个 Al 原子
$Fe_{11}Al_{12}Mo$	−4.869 2	Mo 替代一个 Fe 原子
$Fe_{12}Al_{10}Mo_2$	−5.140 9	Mo 替代两个 Al 原子
$Fe_{10}Al_{12}Mo_2$	−5.124 4	Mo 替代两个 Fe 原子

5.3.2　空位、Cr 和 Mo 在 FeAl 晶界的稳定性和最优占位

　　为了研究空位以及合金元素 Cr、Mo 对 FeAl 晶界的影响,在形成能的基础上进一步确定其在 FeAl 晶界中是否稳定。包含空位的二元 FeAl 晶界以及包含合金元素的三元 X-FeAl 晶界(X=Cr, Mo)的结合能通过式(5.3)计算获得,式(5.3)中,A、B 和 C 分别代表 Fe、Al 和 X(X = Cr, Mo)元素,$E_{coh}(A_aB_bC_c)$、$E_{tot}(A_aB_bC_c)$、$E_{atom}(A)$、$E_{atom}(B)$ 和 $E_{atom}(C)$ 分别表示化合物 $A_aB_bC_c$ 的结合能、总能,Fe、Al 和 X(X=Cr, Mo)三种元素的单个原子能量,a、b 和 c 分别为 Fe、Al

和 X(X=Cr，Mo)三种原子的个数。计算 FeAl 晶界和包含空位的二元 FeAl 晶界的结合能时，X 原子的个数取 0。

$$E_{\text{coh}}(A_a B_b C_c) = \frac{E_{\text{tot}}(A_a B_b C_c) - aE_{\text{atom}}(A) - bE_{\text{atom}}(B) - cE_{\text{atom}}(C)}{a + b + c} \quad (5.3)$$

结合能数值小于 0 时表示对应的结构稳定。表 5.2 中列出了 $Fe_{12}Al_{12}$ 晶界和 5.3.1 中记述的易于形成的包含空位的 $Fe_{11}Al_{12}$ 晶界和合金元素铬、钼分别替代晶界中一个 Fe 原子、两个 Fe 原子、一个 Al 原子或两个 Al 原子的晶界结合能，计算结果显示：上述结构的结合能均为负值，表明其结构均稳定。此外，5.3.1 中显示 Cr 和 Mo 在晶界处含量不同时，均优先替代 Al 原子。因此，后续计算采用上述这些晶界模型进行计算。

表 5.2　合金化前后 FeAl 晶界的结合能及合金元素替代原子

	结合能/eV	替代原子
$Fe_{12}Al_{12}$	−4.589 0	
$Fe_{12}Al_{11}Cr$	−4.560 9	一个 Al 原子
$Fe_{11}Al_{12}Cr$	−4.383 0	一个 Fe 原子
$Fe_{12}Al_{10}Cr_2$	−4.524 7	两个 Al 原子
$Fe_{10}Al_{12}Cr_2$	−4.305 3	两个 Fe 原子
$Fe_{12}Al_{11}Mo$	−4.781 8	一个 Al 原子
$Fe_{11}Al_{12}Mo$	−4.676 0	一个 Fe 原子
$Fe_{12}Al_{10}Mo_2$	−4.973 4	两个 Al 原子
$Fe_{10}Al_{12}Mo_2$	−4.808 5	两个 Fe 原子

5.3.3　Cr、Mo 在 FeAl 晶界的偏析行为

偏析能表示合金元素在晶界环境下的能量情况，可以反映合金元素在晶界处的稳定性，用于预测合金元素易于在晶界处偏析，抑或更易于在晶内分布。偏析能的计算公式如式(5.4)所示：

$$\Delta E_{\text{seg}}^x = E_b(GB + x) - E_b^{\text{ref}}(GB) \quad (5.4)$$

式中：$E_b(GB + x)$ 和 $E_b^{\text{ref}}(GB)$ 分别为含有合金元素和不含合金元素晶界体系的结合能；ΔE_{seg}^x 为合金元素位于晶界的偏析能，反映合金元素在晶界处的偏

析情况。当 $\Delta E_{seg}^x < 0$，表明合金元素更易于在晶界处偏析，并且偏析能越低，表明合金元素引起基体能量变化越小，其在晶界处的稳定性越高，比较不易于向晶内扩散。当 $\Delta E_{seg}^x > 0$，表明合金元素不易于在晶界处偏析，并且偏析能越高，表明合金元素引起基体能量变化越大，其在晶界处的稳定性越低，较易向晶粒内扩散。

计算偏析能需要分别计算添加 Cr 或 Mo 原子的 FeAl 晶界结构和不含合金元素 FeAl 晶界结构的结合能，两者间的差值可以反映合金元素在晶界处的偏析状态。表 5.3 中列出了不同浓度下合金元素 Cr 和 Mo 合金化后的 FeAl 晶界的结合能[$E_b(GB+x)$]、未进行合金化的 FeAl 晶界的结合能[$E_b^{ref}(GB)$]以及合金元素 Cr 和 Mo 分别偏析于 FeAl 晶界的偏析能(ΔE_{seg}^x)。如表 5.3 所示，加入不同浓度 Cr 的 FeAl 晶界的偏析能大于 0，而加入不同浓度 Mo 的 FeAl 晶界的偏析能小于 0，表明 Cr 元素的加入更易于向晶粒内扩散，而 Mo 元素在 FeAl 晶界处更稳定，不易于向晶粒内扩散。

表 5.3 Cr、Mo 在 FeAl 晶界的偏析能

单位：eV

	$E_b(GB+x)$	$E_b^{ref}(GB)$	ΔE_{seg}^x
$Fe_{12}Al_{11}Cr$	−4.560 9	−4.589 0	0.028 1
$Fe_{12}Al_{10}Cr_2$	−4.524 7	−4.589 0	0.064 2
$Fe_{12}Al_{11}Mo$	−4.781 8	−4.589 0	−0.192 8
$Fe_{12}Al_{10}Mo_2$	−4.973 4	−4.589 0	−0.384 4

5.3.4 Cr、Mo 对 FeAl 晶界强韧性的影响

采用 Rice-Wang 模型[198]是一种常用的衡量合金(或杂质)元素对晶界影响的方法，我们也借助这种方法讨论空位对晶界的影响。Rice-Wang 模型提出了晶界强化(或脆化)能的计算方法，公式如式(5.5)所示：

$$\Delta E = (E_{GB}^{imp} - E_{GB}) - (E_{FS}^{imp} - E_{FS}) \tag{5.5}$$

式中：ΔE 表示晶界的强化能；E_{GB}^{imp} 和 E_{GB} 分别表示含有合金元素和不含合金元素的晶界总能；E_{FS}^{imp} 和 E_{FS} 分别表示含有合金元素(或空位)和不含合金元素(或空位)的纯净界面总能。文本中的纯净界面是指形成晶界的两个晶粒部分，其中的任

一部分所构筑成的界面模型。当 $\Delta E < 0$ 时,表示合金元素有强化晶界的作用;否则,说明合金元素削弱了晶界的结合能力。

本研究中的 E_{GB}^{imp}、E_{GB}、E_{FS}^{imp} 和 E_{FS} 是分别通过构筑模型,在充分弛豫的基础上进行能量计算所获得的。

表 5.4 中列出了含有空位的晶界以及不同浓度下合金元素 Cr、Mo 合金化 FeAl 晶界体系后的总能(E_{GB}^{imp})、FeAl 晶界体系总能(E_{GB})、含有空位或合金原子(Cr 或 Mo)的纯净界面能量(E_{FS}^{imp})、FeAl 晶界的纯净界面能量(E_{FS}),以及将上述数值代入式(5.5)中计算获得的空位或合金元素 Cr、Mo 的晶界强化能(ΔE)。表 5.4 显示:含有空位的晶界的强化能为正值,说明空位对晶界起弱化作用;不同浓度下 Cr、Mo 对 FeAl 晶界强化能均为小于零的值,表明这两种合金元素有强化 FeAl 晶界的作用,增加 Cr 和 Mo 在晶界处的浓度,可以大幅提高这两种合金对晶界的强化作用,不同浓度下两种合金元素对 FeAl 晶界的强化顺序由强到弱为 $Fe_{12}Al_{10}Cr_2 > Fe_{12}Al_{10}Mo_2 > Fe_{12}Al_{11}Mo > Fe_{12}Al_{11}Cr$。

表 5.4 空位和合金元素(Cr 或 Mo)对 FeAl 晶界的晶界强化能

单位:eV

相	E_{GB}^{imp}	E_{GB}	E_{FS}^{imp}	E_{FS}	ΔE
$Fe_{11}Al_{12}$	−10 220.328 6	−11 091.406 5	−4 672.626 8	−5 538.624 1	5.080 6
$Fe_{12}Al_{11}Cr$	−13 503.055 3	−11 091.406 5	−7 950.158 3	−5 538.624 1	−0.114 6
$Fe_{12}Al_{10}Cr_2$	−15 914.512 3	−11 091.406 5	−10 359.904 5	−5 538.624 1	−1.825 4
$Fe_{12}Al_{11}Mo$	−12 972.445 8	−11 091.406 5	−7 419.060 5	−5 538.624 1	−0.602 9
$Fe_{12}Al_{10}Mo_2$	−14 853.456 7	−11 091.406 5	−9 299.632 3	−5 538.624 1	−1.042 1

5.3.5 Cr、Mo 对 FeAl 晶界电子结构影响的分析

为了进一步明确各个轨道电子对 FeAl 晶界体系态密度的贡献,本书计算并分析了合金化前后 FeAl 晶界的电子总态密度以及分波态密度。

图 5.3(a)和(b)分别为 FeAl 晶界完美结构和 FeAl 晶界的 Fe 缺陷结构的电子总态密度和分波态密度图。图 5.3(c)、(d)、(e)和(f)分别为 $Fe_{12}Al_{11}Cr$、$Fe_{12}Al_{11}Mo$、$Fe_{12}Al_{10}Cr_2$ 和 $Fe_{12}Al_{10}Mo_2$ 晶界的电子总态密度和分波态密度图。为了便于与 FeAl 晶界的相同能量区域进行对比从而可以更清晰地分析不同浓度下

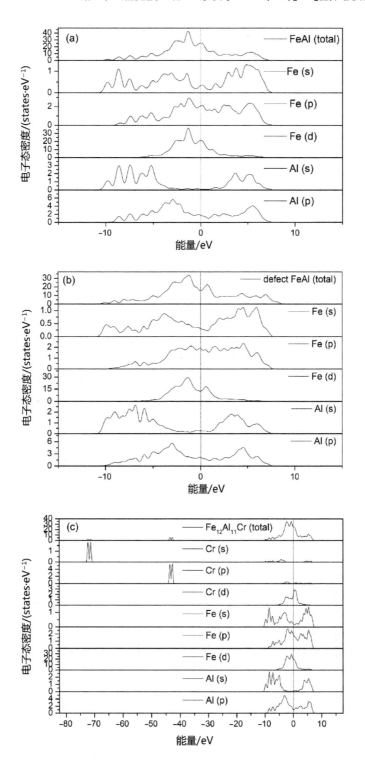

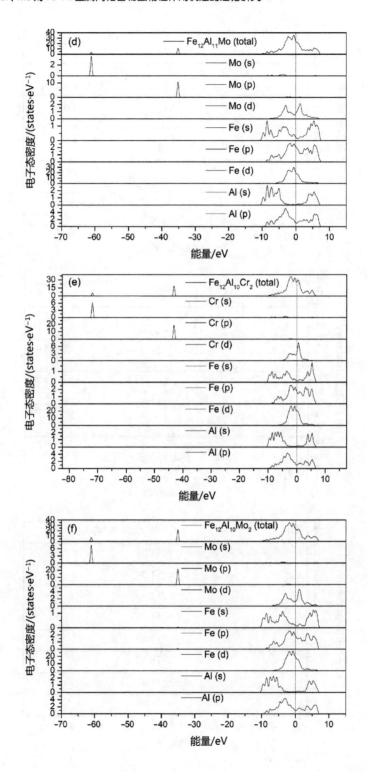

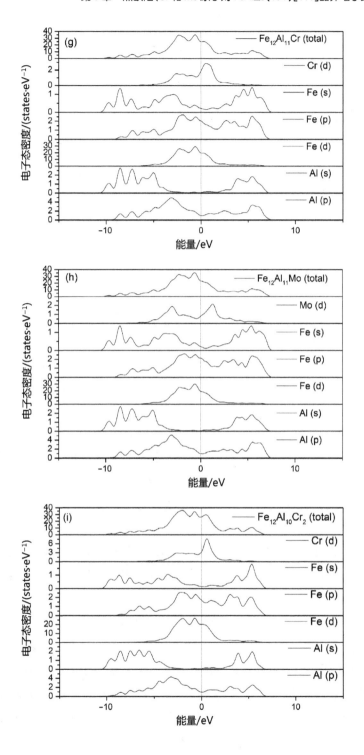

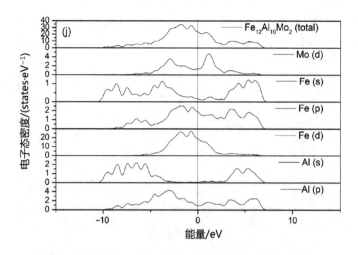

图 5.3　FeAl、Cr-FeAl 及 Mo-FeAl 晶界的态密度图

Cr、Mo 的合金化效应,图 5.3(g)、(h)、(i)和(j)分别列出了能量区域在$-10\sim$10 eV 范围内的 $Fe_{12}Al_{11}Cr$、$Fe_{12}Al_{11}Mo$、$Fe_{12}Al_{10}Cr_2$ 和 $Fe_{12}Al_{10}Mo_2$ 晶界的电子总态密度和分波态密度图。如图 5.3 所示,上述所有晶界结构的总态密度均穿过由虚线标注的费米能级,表明在费米能级处有自由电子出现,说明这三种晶界结构均具有金属性[199]。FeAl 晶界的态密度图如图 5.3 (a)所示,其总态密度在靠近费米能级的反键区域(邻近位置)出现峰值,对 FeAl 晶界成键有贡献的电子的能量主要集中在$-9.17\sim7.10$ eV 范围内。对成键起主要作用的为 Fe-d 轨道电子,Fe-s,Fe-p,Al-s,Al-p 轨道电子参与了杂化。Fe 的 s、p、d 态与 Al 的 s、p 态存在电子轨道杂化,显示 FeAl 晶界系统具有共价键特征。

FeAl 的 Fe 缺陷晶界的态密度的波形和峰值与 FeAl 完美晶界的变化不大,从各轨道电子来看,Fe 空位使 Fe-d 的峰值降低,并且使 Al-s 的波形有比较明显的改变,因此可以认为 Fe 空位造成的晶界弱化,与 Fe-d 和 Al-s 电子杂化的改变有关。

不同浓度的 Cr 合金化 FeAl 晶界的态密度如图 5.3(c)和(e)所示,成键电子的能量分布在$-72.53\sim-71.11$ eV,$-43.95\sim-42.32$ eV 和$-9.98\sim7.08$ eV 三个区间,成键电子主要来自 Fe-d,Al-p 和 Cr-d,其他轨道的电子参与了杂化。不同浓度的 Mo 合金化 FeAl 晶界的态密度如图 5.3(d)和(f)所示,成键电子的能量主要分布在$-61.40\sim-60.75$ eV、$-35.65\sim-34.75$ eV 和$-9.94\sim7.21$ eV 三个区域,成键电子主要来自 Fe-d,Al-p 和 Mo-d,其他轨道的电子参与了杂化。

Cr、Mo 合金化后,在成键区域内除 Fe 的 s、p、d 轨道和 Al 的 s、p 轨道电子的杂化外,Cr-d 和 Mo-d 轨道电子也参与了 FeAl 晶界体系的轨道电子杂化。Cr-FeAl 晶界与 Mo-FeAl 晶界在费米能级下的低能级处比 FeAl 晶界多了 2 个成键峰,说明合金元素 Cr、Mo 的添加增强了 FeAl 晶界体系的结合能力。不同浓度的 Cr 和 Mo 合金化后,态密度的波形几乎完全一致,只是由于合金原子的个数增加,相应的合金原子的波峰增大。从图 5.3(a)、(g)、(h)、(i) 和 (j) 可以看出,Cr、Mo 的添加均使得 FeAl 晶界体系的峰值由反键区域推向成键区域,进一步分析对各原子分波态密度的影响可以看出,Cr、Mo 原子的峰值均出现在反键区域,然而其添加明显将 Fe 原子的峰值由反键区域推向成键区域。由于从成键程度的强弱可以预测共价键的强弱[200-201],说明 Cr、Mo 的添加增强了 FeAl 晶界体系的共价键作用,解释了该两种元素强化 FeAl 晶界的电子层次原因。

5.3.6　Cr、Mo 对 FeAl 晶界电荷密度影响的分析

本章节分析了 FeAl 晶界,空位以及不同浓度的合金元素 Cr、Mo 合金化 FeAl 晶界模型的不同切面的差分电荷密度图,讨论空位和合金元素 Cr、Mo 对 FeAl 晶界电荷密度的影响。图 5.4、图 5.5 和图 5.6 分别为完美晶界和 Fe 缺陷晶界的 (002)面和(001)面的差分电荷密度图、不同浓度合金化前后 FeAl 晶界(002)面的差分电荷密度图和不同浓度合金化前后 FeAl 晶界(001)面的差分电荷密度图。通过这些图可以清晰地观察合金元素对电子排布形态和电荷密度的影响。密度值的取值范围为 $-0.2 \sim 0.1$ e/Å³,红色和蓝色分别表示电子的获得与失去。

为了分析 Fe 缺陷对晶界电荷密度的影响,我们分析对应的完美 FeAl 晶界和 Fe 位缺陷晶界的差分电荷密度,并分别截取 (002)面和(001)面加以对比,如图5.4 所示。图 5.4(a)和(c)分别为完美 FeAl 晶界和 Fe 缺陷晶界的(002)面差分电荷密度图,如图所示,对于两者来说,原子排布和电荷密度的差异都不大。图 5.4(b)和(d)分别为完美 FeAl 晶界和 Fe 缺陷晶界的(001)面差分电荷密度图,如图所示,缺陷晶界的(001)面的原子排布和电荷密度与完美晶界相比有很大改变,由于 Fe 原子缺陷的存在使晶界处出现两处 Al 原子的聚集,聚集部分出现电荷密度明显减小的现象。

为了对比不同浓度的合金原子偏析对 FeAl 晶界的影响,我们分别了截取了相关晶界的(002)面和(001)面的差分电荷密度图进行分析,如图 5.5 和图 5.6 所示。图 5.5(a)～(e)分别为 $Fe_{12}Al_{12}$、$Fe_{12}Al_{11}Cr$、$Fe_{12}Al_{11}Mo$、$Fe_{12}Al_{10}Cr_2$ 和

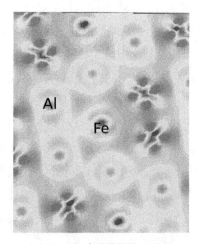
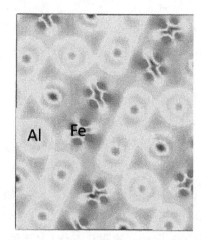

(a) $Fe_{12}Al_{12}$完美晶界的(002)面   (b) $Fe_{12}Al_{12}$完美晶界的(001)面

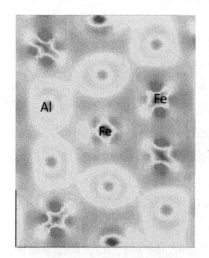
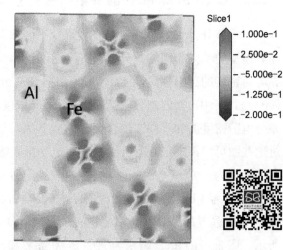

(c) $Fe_{11}Al_{12}Fe$ 位置空位(002)面   (d) $Fe_{11}Al_{12}Fe$ 位置空位(001)面

图 5.4　完美晶界和 Fe 缺陷晶界的 (002)面和(001)面的差分电荷密度图

$Fe_{12}Al_{10}Mo_2$ 晶界(002)面的差分电荷密度图,尽管浓度不同,图 5.5(b)和(d)的原子排布与电荷分布几乎相同,与此类似,图 5.5(c)和(e)的原子排布与电荷分布也几乎相同。此外,图 5.5(b)、(d)中的 Cr-Fe 和 Al-Fe 与图 5.5(c)、(e)中的Mo-Fe 和 Al-Fe 均较图 5.5(a)中对应位置的 Al-Fe 的电荷密度大。图 5.5(b)、(d)中的 Cr-Al 和图 5.5(c)、(e)中的 Mo-Al 与图 5.5(a)中对应位置的 Al-Al 的电荷密度相比,可以看出加入合金元素后,合金元素与 Al 间的电荷密度不均匀,并且电子排布形态出现明显变化。

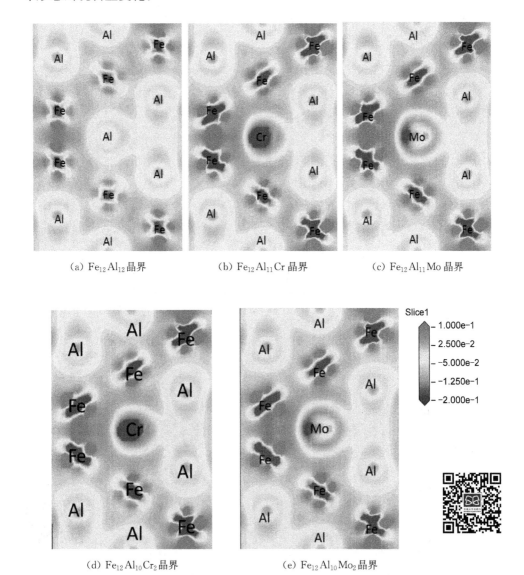

(a) $Fe_{12}Al_{12}$ 晶界　　　　(b) $Fe_{12}Al_{11}Cr$ 晶界　　　　(c) $Fe_{12}Al_{11}Mo$ 晶界

(d) $Fe_{12}Al_{10}Cr_2$ 晶界　　　　(e) $Fe_{12}Al_{10}Mo_2$ 晶界

图 5.5　合金化前后 FeAl 晶界(002)面的差分电荷密度图

图 5.6(a)～(e)分别为 $Fe_{12}Al_{12}$、$Fe_{12}Al_{11}Cr$、$Fe_{12}Al_{11}Mo$、$Fe_{12}Al_{10}Cr_2$ 和 $Fe_{12}Al_{10}Mo_2$ 晶界(001)面的差分电荷密度图。尽管图 5.5(b)和(c)中看不到合金原子,然而界面处的 Fe-Fe 间的电子排布与图 5.6(a)相比有明显不同,电荷密度也有明显增大。合金原子的浓度增大时,从图 5.6(d)和(e)中可以看出界面处的

Fe-Fe 间的电子排布与图 5.6(b)和(c)中非常类似,此外,图 5.6(d)和(e)中界面处的合金原子与 Fe 间的电荷密度与图 5.6(a)、(b)和(c)中对应位置的 Al-Fe 间的电荷密度相比有明显的增大。

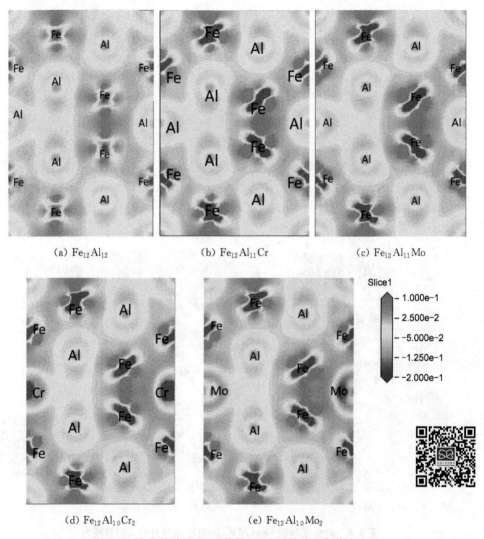

(a) $Fe_{12}Al_{12}$ (b) $Fe_{12}Al_{11}Cr$ (c) $Fe_{12}Al_{11}Mo$

(d) $Fe_{12}Al_{10}Cr_2$ (e) $Fe_{12}Al_{10}Mo_2$

图 5.6 合金化前后 FeAl 晶界(001)面的差分电荷密度图

综上表明,在晶界处 Cr、Mo 的添加使合金原子与 Fe 和 Al 原子间的电荷密度增大,当合金原子浓度增大,Fe-Fe 间和合金元素与 Al 间的电荷密度同时增大,因此合金元素增强了原子间的结合能力,提高了 FeAl 晶界的稳定性。

5.4 本章小结

本章研究了空位、Cr 和 Mo 分别在 FeAlΣ3(10$\overline{1}$)晶界的偏析行为以及对界面的强(弱)化的影响。首先建立 FeAlΣ3(10$\overline{1}$)晶界的模型,然后根据空位、Cr 和 Mo 替代 Fe 或 Al 原子的结合能确定 Cr、Mo 合金化的 FeAlΣ3(10$\overline{1}$)晶界模型,通过各体系空位形成能、结合能、晶界强化能、态密度以及差分电荷密度的计算和分析,得到以下主要结论:

(1) 对缺陷结构而言,Fe 空位的晶界结构更容易形成。

(2) 不同浓度下 Cr 和 Mo 均更容易替代 Al 原子,且 Cr、Mo 分别合金化后的 FeAl 晶界结构稳定。

(3) FeAl 晶界处的空位对晶界造成弱化,这种弱化可以归因于空位造成的 Fe-d 与 Al-s 轨道电子的杂化出现改变,以及界面处的 Al 原子聚集区域的电荷密度明显减小。

(4) Cr、Mo 对 FeAl 晶界具有强化作用,其中 Mo 的强化作用更显著。浓度增大时,两种合金元素均表现出了更强的强化作用。

(5) Cr、Mo 合金化后,增加了 FeAl 晶界体系的成键峰数量,除 Fe 的 s、p、d 轨道和 Al 的 s、p 轨道电子的杂化外,Cr-d 和 Mo-d 的轨道电子也参与了 FeAl 晶界体系的轨道电子杂化,增强了这两种晶界体系中原子间的结合能力。合金原子浓度增大时,形成的轨道电子杂化的效应更大,结合能力也更强。

(6) 在 FeAl 晶界处 Cr、Mo 的偏析使合金原子与 Fe 和 Al 原子间的电荷密度增大,从而增强了原子间的结合能力,提高了晶界体系的稳定性。合金原子浓度增大时,在界面处的更大区域增大了 Fe-Fe 原子间以及合金原子与 Fe 原子间的电荷密度,更大地提高了结合能力。

第 6 章 Cr、Mo 在 $Fe_3Al\Sigma5(012)$ 晶界的稳定性及偏析行为

6.1 引言

晶界的结构和形态对于材料的蠕变、疲劳、脆性和断裂等力学性能,以及氧化、腐蚀和偏析等化学性能具有重要影响。晶界对于金属间化合物、精密陶瓷、复合材料和功能薄膜的研究具有重要意义,在纳米晶和纳米块体中晶界对力学性能的影响可能达到 50% 以上。

Watanabe[202]1984 年首次提出了晶界设计与控制的概念,并提出采用适当工艺可增加多晶体中重位点阵晶界数量,从而获得材料高强韧性的方法。减小晶粒尺寸是最有效的同时提高材料韧性和强度的方法,其目的在于增加晶界的占比[203],将 Fe-40%Al 的晶粒尺寸由 $50 \sim 200~\mu m$ 降至 $2 \sim 10~\mu m$,可以将屈服强度由 $300 \sim 450$ MPa 提升至 $450 \sim 750$ MPa,同时韧性由 $0 \sim 4\%$ 提升至 $10\% \sim 20\%$[204]。

本研究建立了 $Fe_3Al\Sigma5(012)$ 晶界模型、合金元素替代 Fe_3Al 晶界处原子的合金模型,以及 FeAl 和 Fe_3Al 的二元和三元合金的纯净界面模型,通过计算合金元素在 FeAl 和 Fe_3Al 晶界的稳定性以及优先占位情况,确定合金元素在 FeAl 和 Fe_3Al 晶界的替代模型,计算合金元素的偏析能和晶界强化能,预测合金元素对 FeAl 晶界和 Fe_3Al 晶界的强化作用,并通过计算电子结构和差分电荷密度分析合金元素对晶界力学性能影响的微观机理。

6.2　模型与计算方法

6.2.1　计算模型的建立

本书研究 Cr、Mo 在 Fe$_3$Al 重位点阵晶界的偏析效应,需要建立 Fe$_3$Al 合金化前后的晶界模型。首先建立 Fe$_3$Al 的重位点阵晶界模型,基于第 4 章中几何优化后的 Fe$_3$Al 晶胞结构,其晶格常数为 5.693 2 Å,建立 Fe$_3$Al 的 Σ5(012)面的晶界模型,取 5 层原子层,晶界体系中共含有 80 个原子,为 60 个 Fe 原子和 20 个 Al 原子,记作 Fe$_{60}$Al$_{20}$。晶界强化能计算中的纯净晶界模型,通过将 Fe$_3$Al 晶界或合金化 Fe$_3$Al 晶界中以中心界面为界的一半原子去掉的方法加以构筑。相关模型如图 6.1 所示,图 6.1(a)为模型立体图,图 6.1(b)为沿[100]方向观察的 Σ5(012) Fe$_3$Al 晶界模型,图 6.1(c)为沿 [02$\bar{1}$] 方向观察的 Σ5(012)Fe$_3$Al 晶界模型图,6.1 (d) 和(e)分别为沿[100]方向观察的 Σ5(012) Fe$_3$Al 晶界和沿 [02$\bar{1}$] 方向观察的 Σ5 (012)Fe$_3$Al 晶界的纯净界面模型。合金元素 Cr、Mo 替代 Fe$_3$Al 晶界处的 Fe 或 Al 原子,如图 6.1 (b)中所示的 Fe 或 Al 原子;合金元素 Cr、Mo 替代 Fe$_3$Al 纯净

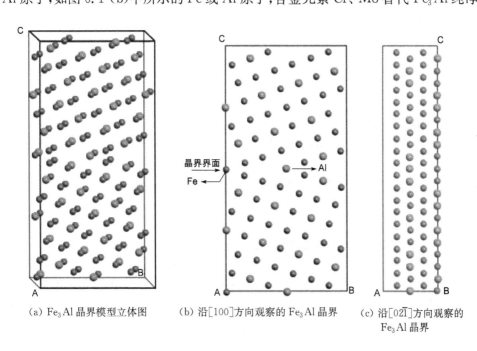

　　(a) Fe$_3$Al 晶界模型立体图　　(b) 沿[100]方向观察的 Fe$_3$Al 晶界　　(c) 沿[02$\bar{1}$]方向观察的
　　　　　　　　　　　　　　　　　　　　　　　　　　　　　　　　　　　　Fe$_3$Al 晶界

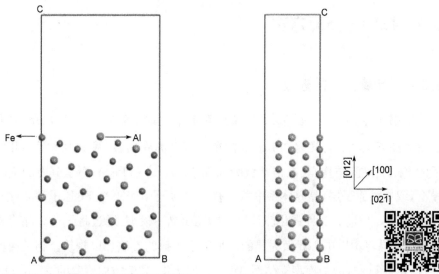

(d) 沿[100]方向观察的 Fe₃Al 晶界的纯净界面　　(e) 沿[02$\bar{1}$]方向观察的 Fe₃Al 晶界的纯净界面

图 6.1　合金化前后 Fe₃AlΣ5 (012)晶界相关结构

界面的 Fe 或 Al 原子,如图 6.1(d)中所示的 Fe 和 Al 原子。合金元素 X(X＝Cr,Mo)替代 1 个 Fe 或 Al 原子的模型,记作 X-Fe₅₉Al₂₀ 或 X-Fe₆₀Al₁₉(X＝Cr, Mo),合金元素在体系中的原子占比为 1.25％。

6.2.2　计算方法

由于 Fe₃Al 晶界体系的原子数较多,综合准确性和计算效率考虑,采用的主要参数如下:平面波截断能取 300.0 eV,体系总能量的收敛值为 1.0×10^{-3} eV·atom^{-1},SCF 收敛能量为 1.0×10^{-4} eV·atom^{-1}, k-point set 参数为 $3 \times 3 \times 1$。几何结构优化时优化了晶格常数。

6.3　Fe₃AlΣ5 (012)晶界的计算结果与分析

6.3.1　Cr、Mo 在 Fe₃Al 晶界的最优占位

确定 Cr、Mo 在 Fe₃Al 晶界中的占位,按照占位情况建立相应的合金化模型,进而研究 Cr、Mo 对 Fe₃Al 晶界的合金化效应。判断合金元素最优占位的方法如前所述:首先,建立 Cr、Mo 分别替代 Fe₃Al 晶界面的 Al 或 Fe 原子的模型,如图

6.1(b)中的标识所示；其次，对模型进行几何优化、静态能量计算后，将相应的能量值代入结合能计算公式(3.3)中，计算同一种合金元素分别替代 Fe、Al 的结合能，能量数值较低的表示对应的结构更稳定，所替代的位置即为最优占位。Fe_3Al 的晶界体系 $Fe_{60}Al_{20}$ 以及 Cr、Mo 分别替代该晶界中 1 个 Fe 原子或 1 个 Al 原子的结合能如表 6.1 所示，Cr、Mo 的替代结合能均小于 0，且替代 Al 的结合能的绝对值更大，主要说明两个问题：其一，所有的结构均稳定；其二，合金元素替代 Al 的结构比替代 Fe 的结构更稳定。因此后续计算采用如图 6.1（b）所示的 Cr、Mo 替代 Al 原子的 Fe_3Al 晶界模型进行计算。由于 Cr、Mo 替代 Al 原子后合金化晶界体系的结合能数值小于 Fe_3Al 晶界的结合能，说明 Cr、Mo 元素合金化后，系统均较合金化前更稳定。

表 6.1　Cr、Mo 合金化前后 Fe_3Al 晶界的结合能及合金元素替代原子

	结合能/eV	替代原子
$Fe_{60}Al_{20}$	-9.5169	
$Cr\text{-}Fe_{59}Al_{20}$	-9.4519	Fe
$Cr\text{-}Fe_{60}Al_{19}$	-9.7262	Al
$Mo\text{-}Fe_{59}Al_{20}$	-9.4925	Fe
$Mo\text{-}Fe_{60}Al_{19}$	-9.7617	Al

6.3.2　Cr、Mo 在 Fe₃Al 晶界的偏析行为

如前所述，偏析能可以用于预测杂质或合金元素在晶界处的稳定性，偏析能的计算公式如式(5.4)所示，将计算获得的添加 Cr、Mo 原子的 $Fe_3Al\Sigma5$(012)晶界结构以及不含合金元素 $Fe_3Al\Sigma5$(012)晶界结构的结合能代入式(5.4)，则求得 $Fe_3Al\Sigma5$(012)晶界的偏析能。Cr、Mo 合金化后的 $Fe_3Al\Sigma5$(012)晶界的结合能 $[E_b(GB+x)]$、未进行合金化的 Fe_3Al 晶界的结合能 $[E_b^{ref}(GB)]$ 以及计算获得的合金元素 Cr、Mo 在 $Fe_3Al\Sigma5$(012)晶界的偏析能(ΔE_{seg}^x)如表 6.2 所示。如前所述，偏析能为负数时，说明合金元素在晶界处稳定性好，不易于向晶粒内扩散；反之，则说明合金元素在晶界处稳定性差。表 6.2 显示 Cr、Mo 的 $Fe_3Al\Sigma5$(012)晶界的偏析能均为负值，说明这两种元素在 $Fe_3Al\Sigma5$(012)晶界处稳定，且添加 Mo 后晶界体系更加稳定。

表 6.2　Cr、Mo 在 Fe₃Al 晶界的偏析能

单位：eV

	$E_b(GB+x)$	$E_b^{\text{ref}}(GB)$	ΔE_{seg}^x
Cr-Fe₆₀Al₁₉	−9.73	−9.52	−0.21
Mo-Fe₆₀Al₁₉	−9.76	−9.52	−0.24

6.3.3　Cr、Mo 对 Fe₃Al 晶界强韧性的影响

如前所述，基于 Rice-Wang 模型所定义的晶界强化能，可以预测合金元素对晶界力学性能的影响，晶界强化能通过式(5.5)计算获得，即分别计算合金化晶界体系总能与未进行合金化晶界体系总能的差值，以及含有合金元素纯净界面能量与不含合金元素纯净界面能量的差值，再对这两个差值求差。Cr、Mo 合金化 Fe₃Al Σ5 (012) 晶界体系总能（E_{GB}^{imp}），FeAl 晶界体系总能（E_{GB}），含有 Cr、Mo 合金元素的纯净界面能量（E_{FS}^{imp}），FeAl 晶界的纯净界面能量（E_{FS}）以及计算获得的合金元素的晶界强化能（ΔE）如表 6.3 所示，显示 Cr、Mo 合金化后的 Fe₃Al Σ5 (012) 晶界强化能均为负值，说明 Cr、Mo 具有强化 Fe₃AlΣ5 (012) 晶界的作用，且合金元素在 Fe₃Al 晶界的晶界强化能绝对值均较大，表明其对 Fe₃Al 晶界的强化作用较强。

表 6.3　Cr、Mo 在 Fe₃AlΣ5 (012)晶界的晶界强化能

单位：eV

	E_{GB}^{imp}	E_{GB}	E_{FS}^{imp}	E_{FS}	ΔE
Cr-Fe₆₀Al₁₉	−55 586.41	−53 165.25	−28 942.69	−26 578.11	−56.585
Mo-Fe₆₀Al₁₉	−55 057.73	−53 165.25	−28 456.64	−26 578.11	−13.956

6.3.4　Cr、Mo 对 Fe₃Al 晶界电子结构的影响

Fe₃Al、Cr-Fe₃Al 以及 Mo-Fe₃Al 晶界的电子总态密度及分波态密度图如图 6.2 所示，总态密度的对象为系统内所有原子，分波态密度的对象为晶界处各原子的不同轨道电子。图 6.2(a)为 Fe₃Al 晶界的态密度图，Fe₃Al 晶界的总态密度在靠近费米能级的位置出现两个有一定差距的峰值，成键电子的能量主要集中在

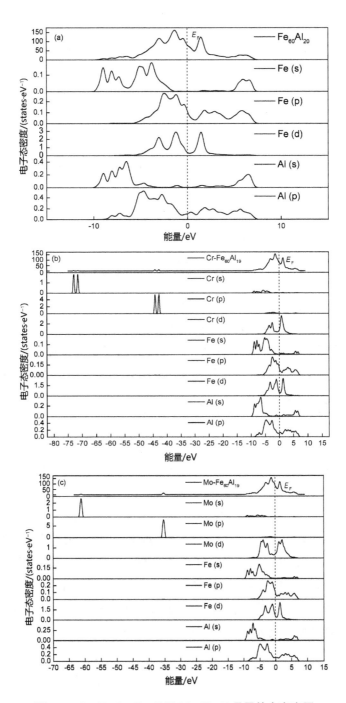

图 6.2   Fe₃Al、Cr-Fe₃Al 及 Mo-Fe₃Al 晶界的态密度图

−10.418 7~7.994 7 eV 内。Fe-d 以及 Fe-s，Fe-p，Al-s，Al-p 轨道电子的杂化均对成键起作用，其中 Fe-d 轨道电子起主要作用。在总态密度的峰值区域，Fe 和 Al 原子的 s 轨道电子参与杂化的情况不明显。

图 6.2(b)为 Cr-Fe$_3$Al 晶界的态密度图，Fe、Al 和 Cr 原子的强烈成键在 −8.020 5~6.626 7 eV 能级区间，电子成键的集中能量区域在 −73.744 3~−70.512 7 eV、−45.079 3~−41.847 7 eV 和 −10.370 8~7.885 8 eV 三个部分，Fe-d，Al-p 和 Cr-d 轨道的电子对成键起主要作用，其他轨道的电子参与了杂化。在峰值区域，主要有 Fe-d，Fe-p，Al-p，Cr-d 参与了杂化。图 6.2(c)为 Mo-Fe$_3$Al 晶界的态密度图，成键电子的能量主要分布在 −62.235~−60.025 eV、−36.439~−34.156 eV 和 −10.353~7.908 eV 区域，Fe、Al 和 Mo 原子的强烈成键在 −7.998~6.676 eV 能级区间，成键电子主要来自 Fe-d，Fe-p，Al-p 和 Mo-d。

Cr、Mo 添加后，除原有的 Fe 原子 p、d 轨道和 Al 原子 p 轨道电子参与杂化外，Cr-d 和 Mo-d 轨道电子在成键峰值区域也参与了轨道电子杂化。Cr-d 轨道电子在费米能级附近出现相差较大的两个峰值，而 Mo-d 在费米能级附近则出现差距不大的两个峰值。Cr、Mo 的加入使 Fe$_3$Al 晶界体系在费米能级下的低能级处多了 2 个成键峰，表明 Cr、Mo 均增强了 Fe$_3$Al 晶界体系的结合能力。

6.3.5 Cr、Mo 对 Fe$_3$Al 晶界电荷密度的影响

本章节通过分析 Fe$_3$Al、Cr-Fe$_3$Al 以及 Mo-Fe$_3$Al 晶界的原子密排面(010) 面的差分电荷密度，明确 Cr、Mo 对 Fe$_3$Al 晶界电荷密度的影响。图 6.3(a)、(b) 和(c)分别显示 Fe$_3$Al、Cr-Fe$_3$Al 以及 Mo-Fe$_3$Al 晶界的差分电荷密度。如图 6.3(b)和(c)所示，Cr 使晶界体系中 Fe-Al、Fe-Fe 以及 Al-Al 间的电子排布形态改变较大，晶粒部分的 Al-Al 以及 Fe-Fe 间出现了较合金化前更明显的方向性，界面处 Cr-Fe 和 Cr-Al 间的电荷密度均大于合金化前 Fe-Al 和 Al-Al 间的电荷密度。而 Mo 加入后对晶界体系中的电子排布形态改变不大，界面处 Mo-Fe 和 Mo-Al 间的电荷密度大于合金化前 Fe-Al 及 Al-Al 间的电荷密度。说明 Cr、Mo 的添加增加了晶界面处相应原子间的结合能力，从而提高了 Fe$_3$Al 晶界的稳定性。

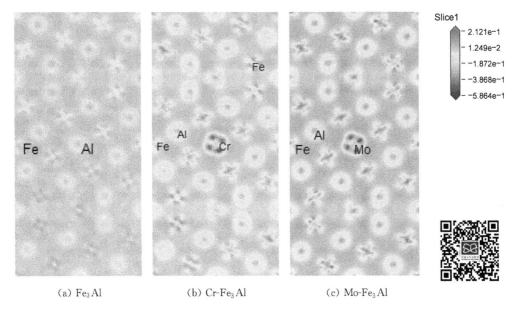

(a) Fe₃Al　　　　　(b) Cr-Fe₃Al　　　　　(c) Mo-Fe₃Al

图 6.3　合金化前后 Fe₃Al 晶界(010)面的差分电荷密度图

6.4　本章小结

本章研究了 Cr、Mo 在 Fe₃AlΣ5(012)晶界的偏析行为以及对界面的强(弱)化的影响。首先分别建立 Fe₃AlΣ5(012)晶界的模型,然后根据 Cr、Mo 替代 Fe 或 Al 原子的结合能确定 Cr、Mo 合金化的 Fe₃AlΣ5(012)晶界模型,通过各体系结合能、晶界强化能、态密度以及差分电荷密度的计算和分析,得到以下主要结论:

(1) 根据结合能的计算结果确定了 Cr、Mo 合金化 Fe₃AlΣ5(012)晶界的稳定结构,且 Cr、Mo 在 Fe₃Al 晶界中优先替代 Al 原子。

(2) 根据晶界强化能的分析可知:Cr、Mo 对 Fe₃Al 晶界具有强化作用,而 Cr 对 Fe₃Al 晶界的强化作用更显著。

(3) 通过态密度的计算与分析发现:Cr、Mo 合金化后,增加了 Fe₃Al 晶界体系的成键峰数量,除 Fe 的 s、p、d 轨道和 Al 的 s、p 轨道电子的杂化外,Cr-d 和 Mo-d 的轨道电子也参与了 Fe₃Al 晶界体系的轨道电子杂化,增强了 Fe₃Al 晶界体系中原子间的结合能力。

(4) 差分电荷密度的分析显示:Cr、Mo 在 Fe₃Al 晶界时,改变了 Fe 与 Al、Fe

与 Fe 以及 Al 与 Al 原子周围电子排布的形态,合金元素 Cr、Mo 与 Fe 和 Al 原子间的电荷密度均大于合金化前 Fe 与 Al、Fe 与 Fe 以及 Al 与 Al 原子间的电荷密度,提高了 Fe_3Al 晶界的稳定性;界面处 Cr-Fe 和 Cr-Al 间的电荷密度均大于合金化前 Fe-Al 和 Al-Al 间的电荷密度。而 Mo 加入后对晶界体系中的电子排布形态改变不大,界面处 Mo-Fe 和 Mo-Al 间的电荷密度大于合金化前 Fe-Al 及 Al-Al 间的电荷密度,说明 Cr、Mo 的添加增加了晶界面处相应原子间的结合能力。

第 7 章　Cr_2Al、Mo 与 $FeAl$ 相界及 Fe_3Al 相界结合和电子结构

铁铝金属间化合物中存在多种不同的相[205-208]，包括有序相 $FeAl$、Fe_3Al、Fe_2Al_5、$FeAl_3$ 和 $FeAl_6$ 等，此外，还有 α 相和 γ 相等无序相。这些相中 $FeAl$ 和 Fe_3Al 由于所占体积大，对铁铝金属间化合物的性质起主要作用，对这两种相的研究较多。$FeAl$ 和 Fe_3Al 相均存在室温脆性的问题，合金化是主要的改善方法。加入合金元素后，会出现更多相，合金元素对铁铝金属间化合物的强化机理中除固溶强化外，还有析出强化，以及合金元素与基体不溶解、以自然粒子方式存在的沉淀强化[58]。如本书 1.2.1 章节中所述，已有的实验研究显示 Fe-$40Al$ 中 Cr 含量超过 6% 时有 Cr_2Al 析出，以及 Mo 有沉淀强化 Fe-Al 的作用。采用第一性原理方法研究合金元素对于 Fe-Al 金属间化合物的固溶强化机理的报道较多，而对相界面间的结构稳定性和电子结构等微观机理的研究还不多见。

本章建立了 $Cr_2Al/FeAl$、$Mo/FeAl$ 以及 Cr_2Al/Fe_3Al、Mo/Fe_3Al 相界面模型以及各相的表面模型基于密度泛函理论，通过计算界面结合能、态密度以及差分电荷密度，研究 B_2-$FeAl$ 以及 DO_3-Fe_3Al 相分别与合金元素的析出相 Cr_2Al 以及以自然粒子存在的 Mo 相的界面稳定性，以及 Cr_2Al 和 Mo 相对 $FeAl$ 和 Fe_3Al 相界面的强化作用以及电子结构的影响。

7.1　计算方法与结构模型

7.1.1　计算参数

计算 $Cr_2Al/FeAl$ 及 $Mo/FeAl$ 界面的稳定性和电子结构时，平面波截断能取 340.0 eV，几何结构优化的收敛指标为：体系总能量的收敛值为 2.0×10^{-5} eV·$atom^{-1}$，每个原子的受力小于 0.05 eV·Å，应力偏差小于 0.1 GPa，公差偏移小于

0.002 Å,SCF 收敛能量为 $2.0×10^{-6}$ eV·atom^{-1},k-point set 参数为 $14×10×3$。几何结构优化时优化了晶格常数。

计算 Cr_2Al/Fe_3Al 和 Mo/Fe_3Al 界面的稳定性和电子结构时,平面波截断能设为 310.0 eV,几何结构优化的收敛指标为:体系总能量的收敛值为 $1.0×10^{-3}$ eV·atom^{-1},SCF 收敛能量为 $1.0×10^{-4}$ eV·atom^{-1},k-point set 参数为 $2×2×1$。为了实现构筑模型的精确性,先优化所有晶胞结构,再基于优化后的结构构筑界面结构,再次进行界面结构的几何优化计算,然后再进行能量、性质等其他计算。

7.1.2 计算模型的建立

相界面模型建立的方法为:首先建立各晶体结构模型,然后对各晶体结构建立相应的表面结构,最后通过表面结构建立相界面模型。FeAl、Fe_3Al、Cr_2Al 和 Mo($2×2×2$ 超胞)的晶体空间点阵结构以及晶格常数如表 7.1 所示,由于建立相界面模型时组成相界面的两个相的晶格常数越接近结构越稳定,因此 Mo 的晶体模型采用 $2×2×2$ 超胞。FeAl 和 Fe_3Al 的晶格常数分别为第 3 章和第 4 章中计算的结果,而 Cr_2Al 和 Mo($2×2×2$ 超胞)的晶格常数是在同样计算参数下计算得到的结果。为了取得计算效率与计算准确性的平衡,本研究中的表面结构均采用 3 层结构。FeAl、Fe_3Al 和 Mo 表面结构采用优化过的结构进行密排面(110)($1×1$)的建立,而 Cr_2Al 表面结构采用密排面(100)($1×1$)结构,上述 4 种表面结构建好后再进行优化,各表面结构的晶格常数 u 和 v 如表 7.2 所示。表 7.2 中除各表面($1×1$)结构的晶格常数外,为了相界面结构的各组成相晶格常数更加接近,还列出了 FeAl(110)($1×2$)、Cr_2Al(100)($2×1$)以及 Mo 超胞(110)($2×2$)表面结构的晶格常数。

如前文所述,晶格常数越接近的相界面结构越稳定,而错配度是一个判断晶格常数接近程度的标准。所谓错配度是指晶格常数的差,本书中分别计算形成相界面的两个相表面结构晶格常数 u 和 v 的差。当错配度小于 5% 时,表明该两相具有相同或近似结构,可以形成共格相界面;当错配度在 5%~10% 之间时,则表明该两相为相似结构,可以形成准共格相界面;而当错配度大于 10% 时,则可以认为该两相晶体结构相差较大,形成的相界面为非共格相界面,界面较为不稳定。

根据表 7.2 中所列的 FeAl、Fe_3Al、Cr_2Al 以及 Mo 表面结构的晶格常数,通过晶格错配度的测试,分别建立 Cr_2Al、Mo 与 FeAl 形成的相界面结构,以及

Cr$_2$Al、Mo 与 Fe$_3$Al 形成的相界面结构。

表 7.1　晶体结构的晶格常数

单位:Å

相结构	空间群	a	b	c
FeAl	pm-3m	2.854	2.854	2.854
Fe$_3$Al	fm-3m	5.693	5.693	5.693
Cr$_2$Al	I4-mmm	2.998 4	2.998 4	8.630 3
Mo(2×2×2 超胞)	im-3m	3.147	3.147	3.147

表 7.2　表面结构的晶格常数

单位:Å

相结构	u	v
FeAl(110)(1×1)	2.854	4.03
FeAl(110)(1×2)	2.854	8.06
Fe$_3$Al(110)(1×1)	5.693	8.051
Cr$_2$Al(100)(1×1)	2.998 4	8.630 3
Cr$_2$Al(100)(2×1)	5.996 8	8.630 3
Mo 超胞(110)(1×1)	3.147	4.450 4
Mo 超胞(110)(2×2)	6.293 8	8.900 8

首先讨论基体为 FeAl 的相界面模型的建立。FeAl(110)(1×2)表面与 Cr$_2$Al(100)(1×1)表面形成界面模型时,晶格常数 u 和 v 的错配度分别为 5.06% 和 7.08%,为较为稳定的准共格相界面,因此 FeAl 相与 Cr$_2$Al 相的界面模型取 Cr$_2$Al(100)(1×1)/FeAl(110)(1×2)。而 FeAl 相与 Mo 相形成相界面时错配度最小的情况即 FeAl(110)(1×1)表面与 Mo(110)(1×1)表面形成相界面结构时,晶格常数 u 和 v 的错配度分别为 10.27% 和 10.43%,均略高于 10%。为了减少建立 Mo(110)(1×1)/FeAl(110)(1×1)相界面模型时由于错配度略大造成的计算误差,本书将相界面的晶格常数设置为 Mo(110)(1×1)表面和 FeAl(110)(1×1)表面晶格常数的平均值,然后再对 Mo/FeAl 界面模型进行结构优化。表 7.3 中列出了各相界面结构的错配度。

表 7.3　相界面结构错配度

单位:%

相界面	u 错配度	v 错配度
FeAl(110)(1×2) / Cr_2Al(100)(1×1)	5.06	7.08
FeAl(110)(1×1) / Mo(110)(1×1)	10.27	10.43
Fe_3Al(110)(1×1) / Cr_2Al(100)(2×1)	5.34	7.20
Fe_3Al(110)(1×1) / Mo(110)(2×2)	10.55	10.56

图 7.1 为 FeAl/FeAl、Cr_2Al/FeAl 和 Mo/FeAl 的相界面结构,以及 FeAl (110)(1×1)、FeAl(110)(1×2)、Cr_2Al(100)(1×1)以及 Mo(110)(1×1)的表面结构。FeAl/FeAl 相界面系统中分别含有 6 个 Fe 原子和 6 个 Al 原子,共 12 个原子。Cr_2Al/FeAl 相界面结构中共含有 30 个原子,其中有 6 个 Fe 原子、12 个 Al 原子以及 12 个 Cr 原子。Mo/FeAl 相界面中共含有 12 个原子,其中有 Fe 原子 3 个、Al 原子 3 个以及 Mo 原子 6 个。

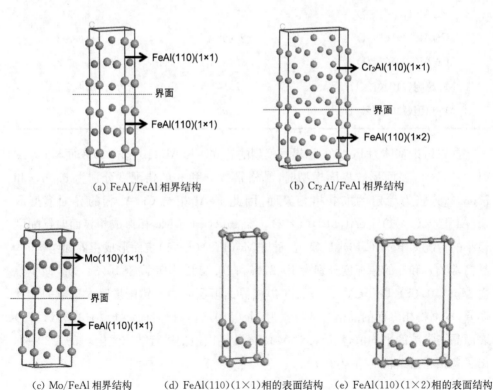

(a) FeAl/FeAl 相界结构　　(b) Cr_2Al/FeAl 相界结构

(c) Mo/FeAl 相界结构　(d) FeAl(110)(1×1)相的表面结构　(e) FeAl(110)(1×2)相的表面结构

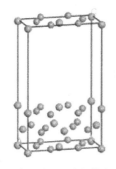

(f) Cr₂Al(100)(1×1)相的表面结构　　　　(g) Mo(110)(1×1)相的表面结构

图 7.1　FeAl/FeAl、Cr₂Al/FeAl 和 Mo/FeAl 相界面与表面结构

基体为 Fe_3Al 的相界面模型的建立情况如下：根据表 7.1 和表 7.2 中 Fe_3Al、Cr_2Al 和 Mo 晶体的晶格常数以及各相表面结构的晶格常数，经过错配度计算，建立相关相界面模型。如表 7.3 所示，$Fe_3Al(110)(1×1)$ 3 层表面结构与 Cr_2Al $(100)(2×1)$ 3 层表面结构的错配度小于 10%，表明这两种结构可以构筑为准共格相界面。Cr_2Al/Fe_3Al 界面结构中共有 84 个原子，其中 Fe 原子 36 个、Al 原子 24 个、Cr 原子 24 个。Cr_2Al/Fe_3Al 界面结构可能出现如图 7.2 所示的 2 种情况，为了确定最符合实际情况的界面模型，本研究分别对这 2 种结构进行结构优化和静态能量计算，根据结合能判断稳定结构作为 Cr_2Al/Fe_3Al 界面。

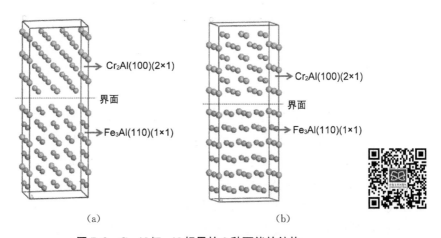

(a)　　　　　　　　　　　　　　(b)

图 7.2　Cr₂Al/Fe₃Al 相界的 2 种可能的结构

$Fe_3Al(110)(1×1)$ 3 层表面结构与 Mo 的 $2×2×2$ 超胞 $(110)(1×1)$ 3 层表面结构的错配度略大于基体的 Fe_3Al 表面结构晶格常数的 10%（u 和 v 的错配度

分别为10.55％）。为了减少建立 Mo/Fe$_3$Al 界面模型时由于错配度略大造成的计算误差，本研究建立 Mo/Fe$_3$Al 界面模型时将界面模型的晶格常数设置为两者的平均值，然后再对 Mo/Fe$_3$Al 界面模型进行结构优化。Mo/Fe$_3$Al 界面结构中共有96个原子，其中 Fe 原子36个、Al 原子12个、Mo 原子48个。Mo/Fe$_3$Al 界面模型可能出现如图7.3所示的2种情况，为了确定最符合实际情况的界面模型，本研究分别对这2种结构进行结构优化和静态能量计算，根据结合能判断稳定结构作为 Mo/Fe$_3$Al 界面。

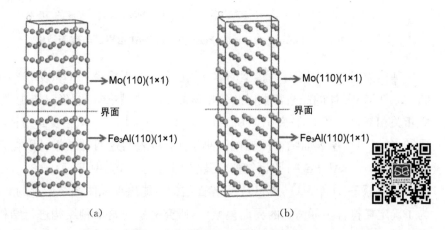

图 7.3　Mo/Fe$_3$Al 相界面的 2 种可能的结构

Fe$_3$Al/Fe$_3$Al 相界面模型的构筑方法为：构筑 DO$_3$-Fe$_3$Al 的晶体结构，取 DO$_3$-Fe$_3$Al 晶胞的密排面(110)(1×1)的3层结构建立 Fe$_3$Al 的表面模型，之后用两个 Fe$_3$Al 的表面模型构筑成 Fe$_3$Al/Fe$_3$Al 界面模型，由于 Fe$_3$Al 的(110)3层表面结构结合成界面时会出现2种不同的结构，本研究分别建立这2种模型，如图7.4，进行结构优化以及能量计算后，根据结合能的稳定情况确定本研究所采用的模型。Fe$_3$Al/Fe$_3$Al 界面模型中共有96个原子，其中 Fe 原子72个、Al 原子24个。

分别采用如图7.2中所列 Cr$_2$Al/Fe$_3$Al 的2种可能界面模型、如图7.3中所列 Mo/Fe$_3$Al 的2种可能界面模型以及如图7.4中所列 Fe$_3$Al/Fe$_3$Al 的2种可能界面模型，进行静态能量计算，分别获得 Cr$_2$Al/Fe$_3$Al、Mo/Fe$_3$Al 以及 Fe$_3$Al/Fe$_3$Al 相界面模型各种可能情况的结合能。基于 Cr$_2$Al/Fe$_3$Al 相界面两个模型（a）和（b）计算的结合能分别为 -9.0532 eV·atom^{-1} 和 -9.0515 eV·atom^{-1}，两者均为负值，从热力学稳定性来看两者均稳定，由于前者的绝对值大于后者，从热力学性质角度看，图7.2(a)的相界面模型更容易形成，因此本书后续计算 Cr$_2$Al/Fe$_3$Al

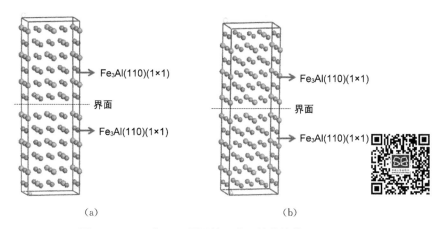

图 7.4　Fe_3Al/Fe_3Al 界面的 2 种可能的结构

相界面模型采用图 7.2(a)模型。与此类似,Mo/Fe_3Al 相界面两个模型(a)和(b)的结合能分别为 -10.5455 eV·$atom^{-1}$ 和 -10.5057 eV·$atom^{-1}$,因此 Mo/Fe_3Al 相界面模型采用图 7.3(a)的模型;Fe_3Al/Fe_3Al 相界面两个模型(a)和(b)的结合能分别为 -9.3524 eV·$atom^{-1}$ 和 -9.3201 eV·$atom^{-1}$,因此 Fe_3Al/Fe_3Al 相界面采用图 7.4(a)的模型。

下文计算相界面结合能和断裂功时,需要计算相关各相的表面模型的能量,本书所采用的 FeAl 基体相界面相关的 FeAl、Cr_2Al 和 Mo 相的表面模型采用图 7.1(d)~(g);采用的 Fe_3Al 基体相界面相关的 Fe_3Al、Cr_2Al 和 Mo 相的表面模型如图 7.5(a)~(c)所示,其中图 7.5(a)、图 7.5(b)和图 7.5(c)分别为 $Fe_3Al(110)$(1×1)相、$Cr_2Al(100)$(2×1)相和 $Mo(110)$(1×1)相的 3 层表面模型。

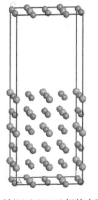
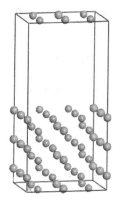

(a) $Fe_3Al(110)$(1×1)相的表面模型　　(b) $Cr_2Al(100)$(2×1)相的表面模型

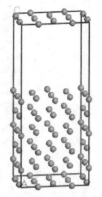

(c) Mo (110)(1×1)相的表面模型

图 7.5   Fe₃Al、Cr₂Al 与 Mo 相的表面模型

7.1.3   相界面结合能的计算方法

相界面结合能可以用于考察界面结构的稳定性,相界面结合能的公式[209]如式(7.1)所示:

$$E_{\mathrm{In}} = E_{\mathrm{P1/P2}} - (E_{\mathrm{P1}} + E_{\mathrm{P2}}) \tag{7.1}$$

式中:E_{In} 为界面结合能;$E_{\mathrm{P1/P2}}$ 表示 P1/P2 相界面的总能;E_{P1} 和 E_{P2} 分别表示相 $\mathrm{P_1}$ 和相 $\mathrm{P_2}$ 的表面能。$E_{\mathrm{In}} < 0$ 且绝对值越大,表示界面结合力越大,界面越稳定;而界面结合能大于零,则表示界面较为不稳定,或不容易形成。本研究中的 $E_{\mathrm{P1/P2}}$、E_{P1} 和 E_{P2} 分别为通过构筑模型,在充分弛豫的基础上,进行能量计算所获得的。以 $\mathrm{Cr_2Al/FeAl}$ 为例,相界面结合能计算过程如下:$E_{\mathrm{Cr_2Al/FeAl}}$ 为图 7.1(b)即 $\mathrm{Cr_2Al/}$FeAl 相界面模型经几何优化后计算的能量值,E_{FeAl} 为图 7.1(e)即 FeAl(110)(1×2)相的表面模型经几何优化后计算的能量,$E_{\mathrm{Cr_2Al}}$ 为图 7.1(f)即 $\mathrm{Cr_2Al}$(100)(1×1)相的表面模型经几何优化后计算的能量。

7.1.4   相界面断裂功的计算方法

Griffith 断裂功[210]可以用于量化不同相界面的结合强度,式(7.2)为 Griffith 断裂功的计算公式。

$$W = (-1/2S_{\mathrm{In}}) \cdot \left[E_{\mathrm{In}}(n, m, l) - E_{\mathrm{Su}}^{\mathrm{P1}}(n_{\mathrm{P1}}, m_{\mathrm{P1}}, l_{\mathrm{P1}}) - E_{\mathrm{Su}}^{\mathrm{P2}}(n_{\mathrm{P2}}, m_{\mathrm{P2}}, l_{\mathrm{P2}}) \right]$$

$$\tag{7.2}$$

式中：S_{In} 为相界面面积；$E_{In}(n, m, l)$ 为 P1/P2 相界面的总能量；$E_{Su}^{P1}(n_{P1}, m_{P1}, l_{P1})$ 和 $E_{Su}^{P2}(n_{P2}, m_{P2}, l_{P2})$ 分别表示 P1 相和 P2 相表面结构的能量；n、m 和 l 分别表示结构中出现的各种原子的个数,且存在 $n = n_\gamma + n_{\gamma'}$、$m = m_\gamma + m_{\gamma'}$ 以及 $l = l_\gamma + l_{\gamma'}$ 的关系。

同样以 $Cr_2Al/FeAl$ 为例,相界面断裂功的计算公式中各个值的说明如下：$E_{In}(n, m, l)$ 的值为 $E_{Cr_2Al/FeAl}$,即图 7.1(b) $Cr_2Al/FeAl$ 相界面模型的能量值, $E_{Su}^{P1}(n_{P1}, m_{P1}, l_{P1})$ 为 E_{FeAl},即图 7.1(e) FeAl(110)(1×2)表面模型的能量值, $E_{Su}^{P2}(n_{P2}, m_{P2}, l_{P2})$ 为 E_{Cr_2Al},即图 7.1(f) Cr_2Al(100)(1×1)表面模型的能量值, S_{In} 为 $Cr_2Al/FeAl$ 相界面的面积,即 $u×v$ 的值。

7.2 Cr₂Al、Mo 对 FeAl 相界面影响的计算结果与分析

7.2.1 Cr₂Al、Mo 对 FeAl 相界面结合能和断裂功的影响

表 7.4 中列出了 FeAl/FeAl、$Cr_2Al/FeAl$ 以及 Mo/FeAl 相界面结构的总能 ($E_{P1/P2}$)、组成相界面的两个表面结构能量(E_{P1} 和 E_{P2})以及相界面结合能(E_{In}), 其中 P1 和 P2 分别代表组成相界面的两个相,根据式(7.1)计算 FeAl/FeAl、 $Cr_2Al/FeAl$ 以及 Mo/FeAl 的相界面结合能。表 7.4 显示 FeAl/FeAl、$Cr_2Al/$ FeAl 以及 Mo/FeAl 的相界面结合能均小于零,从热力学性质分析表明这三种界面均为稳定结构。

表 7.4 FeAl/FeAl、Cr₂Al/FeAl 及 Mo/FeAl 相界面的结合能

单位:eV

	$E_{P1/P2}$	E_{P1}	E_{P2}	E_{In}
FeAl/FeAl	−5 544.22	−2 770.25	−2 770.25	−3.72
Cr₂Al/FeAl	−35 510.32	−5 540.51	−29 959.08	−10.73
Mo/FeAl	−14 396.20	−2 770.25	−11 621.96	−3.99

表 7.4 中列出了 FeAl/FeAl、$Cr_2Al/FeAl$ 以及 Mo/FeAl 的相界面的总能,FeAl、Cr_2Al 以及 Mo 表面能量,FeAl/FeAl、$Cr_2Al/FeAl$ 以及 Mo/FeAl 相界面的面积分别为 0.114 9 nm²、0.242 9 nm² 和 0.127 8 nm²,根据式(7.2)

可以计算得到 FeAl/FeAl、Cr_2Al/FeAl 以及 Mo/FeAl 相界面的断裂功,断裂功的结果如图 7.6 所示,说明 Cr_2Al/FeAl 相界面的断裂功较 FeAl/FeAl 界面有较大幅度的增加,而 Mo/FeAl 相界面的断裂功较 FeAl/FeAl 界面略有增加,表明 Cr_2Al 对 FeAl 界面结合强化作用明显,而 Mo 对 FeAl 界面结合有一定的增强作用。关于 Cr 在 FeAl 金属间化合物的析出,Baker 等[56]研究发现 Cr 含量超过 FeAl 中的溶解度 6% 时,有 Cr_2Al 相析出,然而析出相对基体的影响没有明确提及。关于 Mo 在 FeAl 金属间化合物中的沉淀强化作用,Titran 等[57]研究发现 Mo 含量在 5% 以下时,Mo 对 FeAl 有强化作用,这个结果与本研究的上述研究结果相符合。

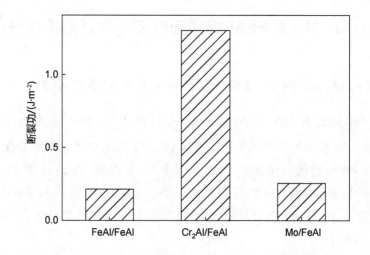

图 7.6　FeAl/FeAl、Cr_2Al/FeAl 及 Mo/FeAl 的断裂功

7.2.2　Cr_2Al、Mo 对 FeAl 相界面电子结构影响的分析

本研究计算了合金前后各相的电子总态密度以及分波态密度。图 7.7 为 FeAl/FeAl、Cr_2Al/FeAl 以及 Mo/FeAl 界面的总态密度和分波态密度图。图 7.7 (a)为 FeAl/FeAl 界面的态密度图,其总态密度在靠近费米能级的位置出现一个峰值,费米能级位于键化与反键化间的虚能隙,成键电子的能量主要分布在 $-9.195 \sim 4.754$ eV 范围内。对成键的贡献主要为 Fe-d 轨道电子的作用,以及 Fe-s、Fe-p,Al-s,Al-p 轨道电子的杂化。Fe 的 s、p、d 态与 Al 的 s、p 态存在电子轨道杂化,显示 FeAl/FeAl 界面为明显的共价键特征。

图 7.7(b) 为 Cr₂Al/FeAl 界面的态密度图,成键电子的能量主要分布在 $-72.072 \sim -70.844$ eV、$-43.682 \sim -41.994$ eV 和 $-9.192 \sim 1.319$ eV 三个区间,Fe、Al 和 Cr 原子的强烈成键在 $-7.852 \sim 1.243$ eV 能级区间,成键电子主要来自 Fe-d,Al-p 和 Cr-d,其他轨道的电子参与了杂化。图 7.7(c) 为 Mo/FeAl 界面的态密度图,成键电子的能量主要分布在 3 个区间,Fe、Al 和 Mo 原子的强烈成键区域在 $-5.221 \sim 2.489$ eV 能级区间,成键电子主要来自 Fe-d,Al-p 和 Mo-d,其他轨道的电子参与了杂化。

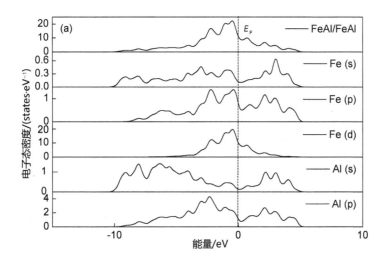

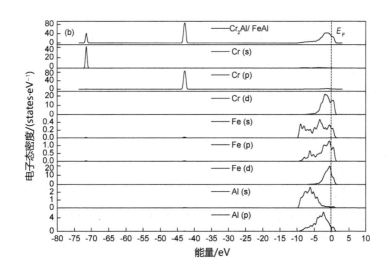

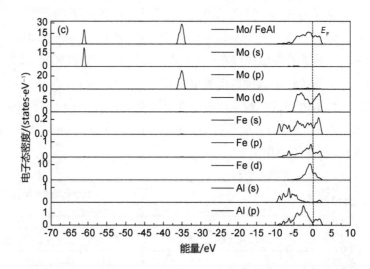

图 7.7　FeAl/FeAl、Cr₂Al/FeAl 及 Mo/FeAl 界面的态密度图

　　Cr₂Al/FeAl 与 Mo/FeAl 界面的态密度图显示，与 FeAl/FeAl 界面相比，除 Fe 的 s、p、d 轨道和 Al 的 s、p 轨道电子的杂化外，Cr-d 和 Mo-d 轨道电子也参与了 Cr₂Al/FeAl 与 Mo/FeAl 界面体系的轨道电子杂化。Cr-s，Cr-p 和 Mo-s，Mo-p 轨道电子在低能级处出现非常明显的峰值。体系总态密度在低能级处较 FeAl/FeAl 界面多了 2 个成键峰，说明 Cr₂Al 和 Mo 相增强了 FeAl 相界面的结合能力。

7.2.3　Cr₂Al、Mo 对 FeAl 相界面电荷密度影响的分析

　　本研究分析了以下三种界面的差分电荷密度：FeAl/FeAl 相界密排面(110)面、Cr₂Al/FeAl 相界密排面(211)面以及 Mo/FeAl 相界密排面(110)面，讨论 Cr₂Al 和 Mo 相对 FeAl 相电荷密度的影响。

　　图 7.8 为 FeAl/FeAl、Cr₂Al/FeAl 以及 Mo/FeAl 界面的差分电荷密度图，图 7.8(b)的 Cr₂Al/FeAl 的差分电荷密度图与 FeAl/FeAl 和 Mo/FeAl 差分电荷密度图在原子个数与形态上均有很大不同。Cr₂Al/FeAl 中的原子最为密集，在 Cr₂Al 晶粒中 Cr-Al 间的电荷密度很大，在 Cr₂Al/FeAl 界面处，可以明显地观察到 Cr，Al 与 Fe 间电子排布形态与 FeAl/FeAl 界面处不同，其电子云的方向性不明显，可以解释 Cr₂Al 与 FeAl 相界的结合能力最强的原因。图 7.8(c)为 Mo/FeAl 的差分电荷密度图，与图 7.8(a)相比，Mo 相晶粒中，Mo 原子间的电荷密度

很大,而在 Mo/FeAl 界面处,Mo-Fe 和 Mo-Al 间的电子云方向性较 FeAl/FeAl 界面处减弱,可以解释 Mo 相增加了 FeAl 相界面的结合能力。

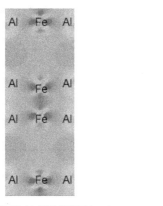

(a) FeAl/FeAl 相界密排面(110)

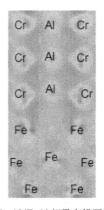

(b) Cr$_2$Al/FeAl 相界密排面(211)

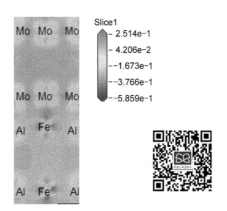

(c) Mo/FeAl 相界密排面(110)

图 7.8　**FeAl/FeAl、Cr$_2$Al/FeAl 及 Mo/FeAl 界面的差分电荷密度图**

7.3　Cr$_2$Al、Mo 对 Fe$_3$Al 相界面影响的计算结果与分析

7.3.1　Cr$_2$Al、Mo 对 Fe$_3$Al 相界面结合能和断裂功的影响

Fe$_3$Al/Fe$_3$Al、Cr$_2$Al/Fe$_3$Al 和 Mo/Fe$_3$Al 的界面结合能,通过表 7.5 中的 Fe$_3$Al/Fe$_3$Al、Cr$_2$Al/Fe$_3$Al 和 Mo/Fe$_3$Al 的界面总能($E_{P1/P2}$)、组成相界的两个表面系统能量(E_{P1} 和 E_{P2})代入式(7.1)计算求得。表 7.5 显示 Fe$_3$Al/Fe$_3$Al、

Cr_2Al/Fe_3Al 和 Mo/Fe_3Al 的相界面结合能均为负值,基于上文研究结论,说明 Fe_3Al/Fe_3Al、Cr_2Al/Fe_3Al 和 Mo/Fe_3Al 界面均为稳定结构。

表 7.5　Fe_3Al/Fe_3Al、Cr_2Al/Fe_3Al 和 Mo/Fe_3Al 相界面的结合能

单位:eV

	$E_{P1/P2}$	E_{P1}	E_{P2}	E_{In}
Fe_3Al/Fe_3Al	$-63\,782.50$	$-31\,887.05$	$-31\,887.05$	-8.400
Cr_2Al/Fe_3Al	$-91\,812.25$	$-31\,888.61$	$-59\,919.72$	-3.920
Mo/Fe_3Al	$-124\,885.68$	$-31\,883.07$	$-92\,987.15$	-15.460

本研究用 Griffith 断裂功确定合金相 Cr_2Al 和 Mo 对 Fe_3Al 界面结合强度的影响。将表 7.5 中列出的 Fe_3Al/Fe_3Al、Cr_2Al/Fe_3Al 和 Mo/Fe_3Al 的总能,Fe_3Al、Cr_2Al 以及 Mo 表面结构的能量,以及 Fe_3Al/Fe_3Al、Cr_2Al/Fe_3Al 和 Mo/Fe_3Al 相界面的面积(分别为 0.458 nm^2、0.488 nm^2 和 0.508 nm^2)代入式(7.2)中计算获得 Fe_3Al/Fe_3Al、Cr_2Al/Fe_3Al 和 Mo/Fe_3Al 的 Griffith 断裂功。各能量计算时,对相应模型进行结构优化时分别进行了晶格常数的优化。

图 7.9 为 Fe_3Al/Fe_3Al、Cr_2Al/Fe_3Al 以及 Mo/Fe_3Al 相界面的断裂功。Cr_2Al/Fe_3Al 界面的断裂功较 Fe_3Al/Fe_3Al 界面有所下降,而 Mo/Fe_3Al 界面的断裂功较 Fe_3Al/Fe_3Al 界面有大幅增加,表明 Cr_2Al 对 Fe_3Al 界面结合有所弱化,而 Mo 对 Fe_3Al 界面结合起到了增强的作用。

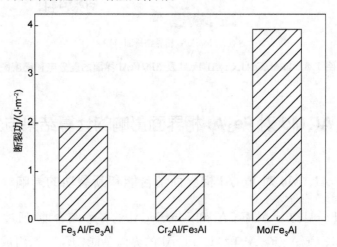

图 7.9　Fe_3Al/Fe_3Al、Cr_2Al/Fe_3Al 及 Mo/Fe_3Al 的断裂功

7.3.2　Cr₂Al、Mo 对 Fe₃Al 相界面电子结构影响的分析

图 7.10 为 Fe₃Al/Fe₃Al、Cr₂Al/Fe₃Al 和 Mo/Fe₃Al 的总态密度和分波态密度图。图 7.10(a)为 Fe₃Al/Fe₃Al 相界的态密度图,其总态密度没有明显的峰值,在费米能级以下的较大范围形成一个峰值区域,成键电子的能量主要分布在 $-7.829\sim0.433$ eV 范围内。界面处单个原子的态密度显示有些位于不同层的原子其态密度出现不同,有的差异较大。Al 原子在对称位置的态密度相同,如图 7.11(a)所示,位于 up001 层和 down001 层的 Al 原子的态密度相同,同时位于 up002 层和 down002 层的 Al 原子的态密度也相同,而这两者的态密度形态只有微小差异。位于不同层的 Fe 原子的态密度形态差异较大,Fe 原子位于对称位置时态密度形态也不相同,而位于同侧不同层时态密度形态的差异不大。

图 7.10(b)为 Cr₂Al/Fe₃Al 界面的态密度图,成键电子的能量主要分布在 $-71.968\sim-70.944$ eV、$-43.57\sim-42.05\,4$ eV 和 $-7.173\sim0.486$ eV 三个区间。与 Fe₃Al/Fe₃Al 界面的态密度相比,Cr₂Al/Fe₃Al 界面的态密度显示 Fe₃Al 相中[如图 7.11(b)]位于 Fe₃Al001 的 Al 原子和 Fe 原子的态密度出现了分化,Al 和 Fe 原子均出现了两种不同状态,其中 Al 原子分化的状态较为接近,而 Fe 原子分化的状态差异较大。如图 7.11(b)中位于 Fe₃Al002 的 Al 原子的态密度形态未出现分化,只呈现一种状态,而 Fe 原子的态密度分化为两种状态。位于 Cr₂Al001 和 Cr₂Al002 的 Cr 和 Al 原子的态密度形态差异均不大。

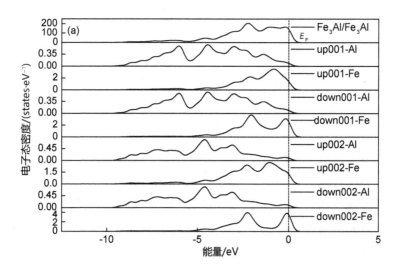

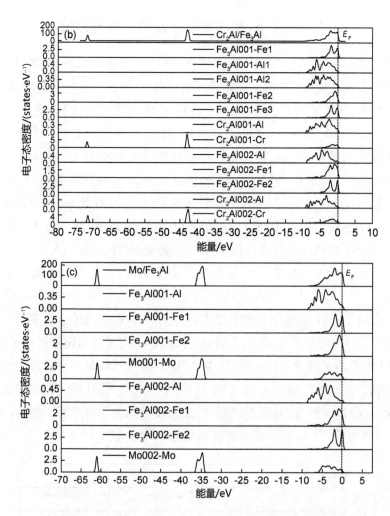

图 7.10   Fe₃Al/Fe₃Al、Cr₂Al/Fe₃Al 及 Mo/Fe₃Al 的态密度图

图 7.10(c)为 Mo/Fe₃Al 界面的态密度图,成键电子的能量主要分布在 $-61.607 \sim -60.493$ eV、$-36.507 \sim -34.049$ eV 和 $-6.884 \sim 0.456$ eV 三个区间。与 Fe₃Al/Fe₃Al 界面的态密度相比,Mo/Fe₃Al 界面的态密度显示 Fe₃Al 相中[如图 7.11(c)]位于 Fe₃Al001 和 Fe₃Al002 的 Fe 原子的态密度分化为两种状态,而 Al 原子未出现分化,只呈现一种状态。位于 Fe₃Al001 和 Fe₃Al002 的 Fe 原子分化的态密度形态差异较大。位于 Fe₃Al001 和 Fe₃Al002 的 Al 原子的态密度形态差异不大。位于 Mo001 和 Mo002 的 Mo 原子的态密度形态差异也不大。

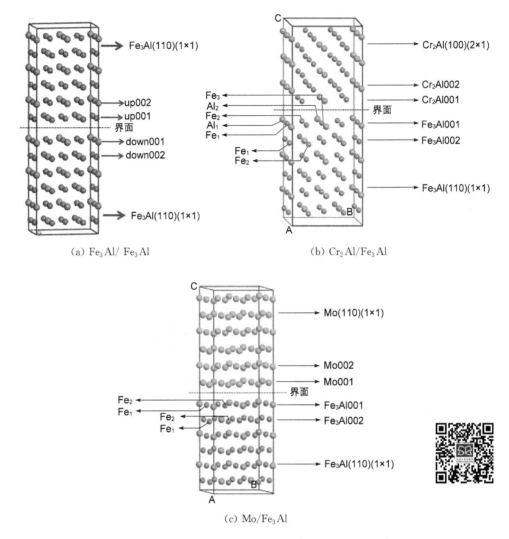

(a) Fe₃Al/ Fe₃Al　　　　　(b) Cr₂Al/Fe₃Al

(c) Mo/Fe₃Al

图 7.11　Fe₃Al/ Fe₃Al、Cr₂Al/Fe₃Al 及 Mo/Fe₃Al 体系中界面及原子的标注图

Cr₂Al/Fe₃Al 与 Mo/Fe₃Al 界面的态密度图显示,与 Fe₃Al/Fe₃Al 界面的态密度相比,Cr₂Al/Fe₃Al 与 Mo/Fe₃Al 均在低能级区出现非常明显的两个峰值,说明 Cr₂Al 和 Mo 相增强了 Fe₃Al 相界面的结合能力。Cr₂Al/Fe₃Al 与 Mo/Fe₃Al 界面处 Al 和 Fe 原子的态密度状态出现了更多的分化,说明 Cr₂Al 相和 Mo 相均增加了 Fe₃Al 相界面的结合能力。Cr₂Al/Fe₃Al 界面中 Al 原子出现了较 Mo/Fe₃Al 中更多的态密度状态的分化。

7.3.3 Cr$_2$Al、Mo 对 Fe$_3$Al 相界面电荷密度影响的分析

为了讨论不同相对 Fe$_3$Al 相电荷密度的影响,分析如图 7.12 所示的 Fe$_3$Al/Fe$_3$Al 相界密排面(110)面、Cr$_2$Al/Fe$_3$Al 相界密排面(211)面以及 Mo/Fe$_3$Al 相界密排面(110)面的差分电荷密度。如图 7.12(b)与图 7.12(a)所示,Cr$_2$Al/Fe$_3$Al 界面处的 Cr-Fe 与 Al-Fe 间的电荷密度与 Fe$_3$Al/Fe$_3$Al 界面处 Fe-Al 间的电荷密度基本保持不变,而界面的宽度明显增加,可以解释 Cr$_2$Al/Fe$_3$Al 界面断裂功较 Fe$_3$Al/Fe$_3$Al 有所下降的原因。如图 7.12(c)与图 7.12(a)所示,Mo/Fe$_3$Al 与 Fe$_3$Al/Fe$_3$Al 界面的宽度基本保持不变,而 Mo/Fe$_3$Al 界面处 Mo-Fe 间的电荷密

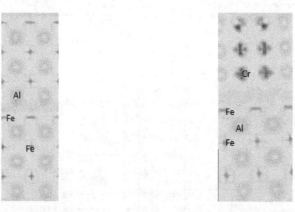

(a) Fe$_3$Al/Fe$_3$Al 相界密排面(110)　　　　(b) Cr$_2$Al/Fe$_3$Al 相界密排面(211)

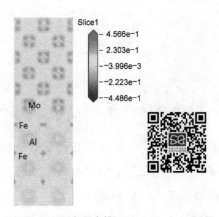

(c) Mo/Fe$_3$Al 相界密排面(110)

图 7.12　Fe$_3$Al/Fe$_3$Al、Cr$_2$Al/Fe$_3$Al 及 Mo/Fe$_3$Al 界面的差分电荷密度图

度较 Fe₃Al/Fe₃Al 界面处 Fe-Al 间的电荷密度明显增加,此外,Mo 相中各 Mo 原子间的电荷密度较 Fe₃Al 相中各原子间的电荷密度明显增大,可以解释 Mo/Fe₃Al 界面断裂功较 Fe₃Al/Fe₃Al 有较为明显增大的原因。

7.4　本章小结

本章研究了析出相 Cr₂Al 和沉淀相 Mo 分别对 FeAl 和 Fe₃Al 相界面的强化作用和电子结构的影响。首先分别建立 FeAl/FeAl、Cr₂Al/FeAl 和 Mo/FeAl 相界面模型,以及建立 Fe₃Al/Fe₃Al、Cr₂Al/Fe₃Al 和 Mo/Fe₃Al 相界面模型,由于 Fe₃Al/Fe₃Al、Cr₂Al/Fe₃Al 和 Mo/Fe₃Al 相界面结构分别有 2 种可能性,通过分别计算 Fe₃Al/Fe₃Al、Cr₂Al/Fe₃Al 和 Mo/Fe₃Al 相界面 2 种结构的结合能确定各相界面的模型,通过计算和分析各体系相界面结合能、态密度以及差分电荷密度,得到以下主要结论:

(1) 相界面结合能的计算结果表明,FeAl/FeAl、Cr₂Al/FeAl 和 Mo/FeAl 相界面体系均稳定。相界面断裂功的结果显示,Cr₂Al 和 Mo 相对 FeAl 相界面均有强化作用,其强化作用由大到小的顺序为 Cr₂Al/FeAl>Mo/FeAl。态密度显示,在 Cr₂Al/FeAl 和 Mo/FeAl 相界面体系中,除 Fe 的 s、p、d 轨道和 Al 的 s、p 轨道电子的杂化外,Cr-d 和 Mo-d 的轨道电子也参与了 FeAl 相的轨道电子杂化,增强了原子间的结合能力。差分电荷密度的分析显示,Cr₂Al/FeAl 中的原子最为密集,在 Cr₂Al 晶粒中 Cr-Al 间的电荷密度很大,在 Cr₂Al/FeAl 界面处,可以明显地观察到 Cr、Al 与 Fe 间电子排布形态与 FeAl/FeAl 界面处不同,其电子云的方向性不明显,可以解释 Cr₂Al 与 FeAl 相界的结合能力最强的原因。Mo/FeAl 相界面体系的 Mo 相晶粒中,Mo 原子间的电荷密度很大,而在 Mo/FeAl 界面处,Mo-Fe 和 Mo-Al 间的电子云方向性较 FeAl/FeAl 界面处减弱,可以解释 Mo 相增加了 FeAl 相界面的结合能力。

(2) 相界面结合能的计算结果显示,Fe₃Al/Fe₃Al、Cr₂Al/Fe₃Al 和 Mo/Fe₃Al 相界面均为稳定体系。相界面断裂功的结果表明,Mo 相对 Fe₃Al 界面有强化作用,而 Cr₂Al 对 Fe₃Al 界面产生幅度较小的弱化。态密度的分析表明,Cr₂Al/Fe₃Al 与 Mo/Fe₃Al 相界面处的原子较 Fe₃Al/Fe₃Al 界面出现更多态密度状态的分化。差分电荷密度的分析表明,Cr₂Al/Fe₃Al 界面处的 Cr-Fe 与 Al-Fe 间的电荷密度与 Fe₃Al/Fe₃Al 界面处 Fe-Al 间的电荷密度基本保持不变,而界面的宽度明显增加,可以解释 Cr_2Al/Fe_3Al 界面断裂功较 Fe_3Al/Fe_3Al 有所下降的原因。Mo/Fe_3Al 与 Fe_3Al/Fe_3Al 界面相比,界面宽度基本保持不变,而 Mo/Fe_3Al 界面处 Mo-Fe 间的电荷密度较 Fe_3Al/Fe_3Al 界面处 Fe-Al 间的电荷密度明显增加,此外,Mo 相中各 Mo 原子间的电荷密度较 Fe_3Al 相中各原子间的电荷密度明显增大,可以解释 Mo/Fe_3Al 界面断裂功较 Fe_3Al/Fe_3Al 有较为明显增大的原因。

第 8 章 Cr、Mo 对 FeAl/Fe₃Al 界面结合以及电子结构的影响

8.1 引言

Fe-Al 合金中主要存在 B_2-FeAl 和 DO_3-Fe$_3$Al 有序相[10, 131]。在合金元素对相界面的结构稳定性和电子结构等微观机理影响的研究方面,关于 Fe-Al 金属间化合物的研究还不多见。本章基于密度泛函理论,建立合金元素 Cr、Mo 在 FeAl/Fe$_3$Al 界面的合金化模型以及相应的相表面模型,通过计算界面结合能、态密度以及差分电荷密度,研究合金元素 Cr、Mo 在 FeAl/Fe$_3$Al 界面的偏析稳定性,以及对 FeAl/Fe$_3$Al 界面的强化作用以及电子结构的影响。

8.2 计算方法与计算模型

8.2.1 计算方法

基于 FeAl 和 Fe$_3$Al 晶体结构计算的参数设置经验以及体系的原子数,综合考虑精确性与计算效率,设置平面波截断能为 310.0 eV,几何结构优化的收敛指标为:体系总能量的收敛值为 1.0×10^{-3} eV·atom^{-1},SCF 收敛能量为 2.0×10^{-4} eV·atom^{-1},k-point set 参数为 $2 \times 2 \times 1$。为了实现构筑模型的精确性,先优化所有晶胞结构,再基于优化后的结构构筑界面结构,再次进行界面结构的几何优化计算,最后进行静态能量以及性质等其他计算。

8.2.2 计算模型

本研究中的 FeAl/Fe$_3$Al 界面模型以及 Cr、Mo 在 FeAl/Fe$_3$Al 界面的合金化

模型的构筑思路为:首先确定 FeAl/Fe$_3$Al 的相界面模型,然后在相界面处,由 Cr、Mo 分别替代每一个可能的 Fe 或 Al 原子建立所有可能的结构,通过对各个结构进行几何优化和能量计算,根据各个结构的稳定情况判断最终的合金化模型。其中,FeAl/Fe$_3$Al 界面模型的构筑方法为:分别构筑 B$_2$-FeAl 和 DO$_3$-Fe$_3$Al 的晶体结构,考虑到晶格常数的匹配度,B$_2$-FeAl 取 2×2×2 的超胞结构,然后分别取 B$_2$-FeAl 2×2×2 超胞以及 DO$_3$-Fe$_3$Al 晶胞的密排面(110)(1×1)的 3 层表面结构,之后将这两种结构构筑成 FeAl/Fe$_3$Al 界面模型,由于 FeAl 和 Fe$_3$Al(110)的 3 层结构在形成相界面时会出现 2 种不同的结构,本研究分别建立这 2 种模型(如图 8.1),进行结构优化以及能量计算后,根据结合能的稳定情况确定最终采用的 FeAl/Fe$_3$Al 模型。

B$_2$-FeAl 是空间群为 pm-3m 的对称结构,其 2×2×2 超胞结构在本书第 3 章中已进行过结构优化,晶格常数为 5.707 Å,本研究采用优化过的 B$_2$-FeAl 超胞结构进行密排面(110)(1×1)3 层结构的建立,晶格常数 u 为 5.707 Å,v 为 8.071 Å。DO$_3$-Fe$_3$Al 是空间群为 fm-3m 的对称结构,其结构在本书第 3 章中进行过结构优化,晶格常数为 5.693 Å,本研究采用优化过的 DO$_3$-Fe$_3$Al 结构进行密排面(110)(1×1)3 层结构的建立,晶格常数 u 为 5.693 Å,v 为 8.051 Å。FeAl 和 Fe$_3$Al 的(110)3 层结构的错配度小于 0.25%,表明这两种结构可以构筑为共格相界结构。上述两种结构构筑为 FeAl/Fe$_3$Al 界面结构时,系统内共有 96 个原子,其中 Fe 原子 60 个、Al 原子 36 个。

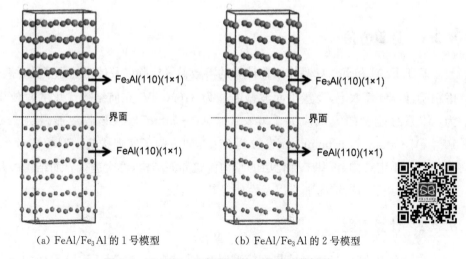

(a) FeAl/Fe$_3$Al 的 1 号模型   (b) FeAl/Fe$_3$Al 的 2 号模型

图 8.1 FeAl/Fe$_3$Al 相界面的 2 种可能的结构

分别采用如图 8.1 中所列 FeAl/Fe₃Al 相界面的 2 种可能的结构进行静态能量计算,求得对应这两种结构的结合能分别为 −8.677 6 eV 和 −8.626 8 eV,显示图 8.1(a)所示的模型的结合能较低,即较为稳定,后续的计算采用该种模型。

8.2.3　Cr、Mo 在 FeAl/Fe₃Al 界面偏析的模型构建

FeAl/Fe₃Al 界面处的 Fe 和 Al 原子,除去等价位置之外,Al 原子有 6 种不同的占位,Fe 原子有 10 种不同的占位,这些不同的占位情况如图 8.2 所示。为了获得 Cr、Mo 在 FeAl/Fe₃Al 界面合金化的准确模型,本书分别用 Cr、Mo 替代 FeAl/Fe₃Al 界面处的每一个可能的位置,进行该种模型的结构优化之后,计算静态能量,据此求出各种情况下的结合能,选取其中结合能最低的结构作为合金化 FeAl/Fe₃Al 界面的模型。

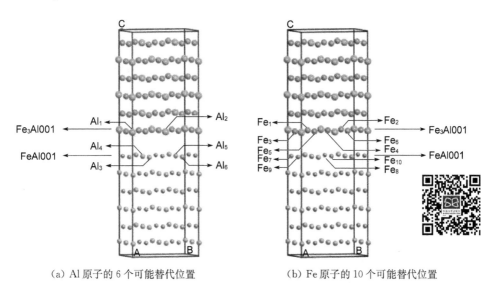

(a) Al 原子的 6 个可能替代位置　　　(b) Fe 原子的 10 个可能替代位置

图 8.2　合金元素替代 Al 或 Fe 原子的可能位置

基于 Cr 替代图 8.2(a)中 FeAl/Fe₃Al 界面处各个 Al 和 Fe 原子模型,计算获得 16 种情况的结合能,如图 8.3(a)所示,替代 Al 原子的 3 号和 6 号模型的结合能非常接近,且 3 号和 6 号为对称位置,从结合能数值上来看两者的误差小于 10^{-5},可认为 Cr 元素替代这两个位置均可,本研究选定了 Cr 替代 Al 原子的 6 号位置作为 Cr 合金化 FeAl/Fe₃Al 相界面的最优选模型,即后续 Cr-FeAl/Fe₃Al 的相界面模型。基于 Mo 替代图 8.2(b)中 FeAl/Fe₃Al 界面处各个 Al 原子和 Fe 原子模

型,计算获得 16 种情况的结合能如图 8.3(b)所示,替代 Al 原子的 3 号模型的结合能最低,即该种状态最稳定,本研究选取 Mo 替代 3 号位置 Al 原子为 Mo 合金化 FeAl/Fe$_3$Al 相界面的最优选模型,即后续 Mo-FeAl/Fe$_3$Al 的相界面模型。

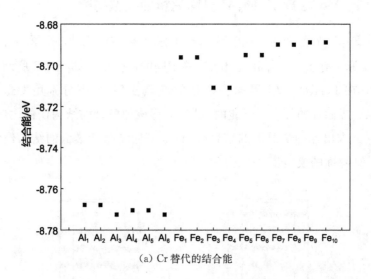

(a) Cr 替代的结合能

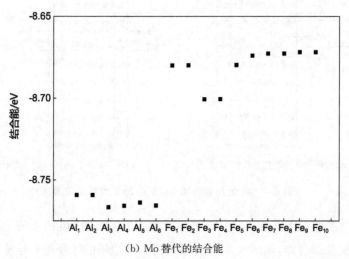

(b) Mo 替代的结合能

图 8.3　Cr、Mo 分别替代 Al 以及 Fe 可能位置的结合能

8.3　计算结果与分析

8.3.1　Cr、Mo 合金化对 FeAl/Fe₃Al 界面结合能的影响

界面结合能可以用于考察界面结构的稳定性,界面结合能根据式(7.1)计算,界面结合能小于零,且绝对值越大,表示界面结合力越大,界面越稳定;反之,界面结合能大于零,则表示界面较不稳定,或不容易形成。表 8.1 中列出了 FeAl/Fe₃Al、Cr-FeAl/Fe₃Al 以及 Mo-FeAl/Fe₃Al 的总能($E_{P1/P2}$),组成界面的两个表面系统能量(E_{P1} 和 E_{P2})以及 FeAl/Fe₃Al、Cr-FeAl/Fe₃Al 和 Mo-FeAl/Fe₃Al 的界面结合能(E_{In}),其中 P1 和 P2 分别代表组成界面的相。表 8.1 显示 FeAl/Fe₃Al、Cr 替代 Al 原子后的 Cr-FeAl/Fe₃Al、Mo 替代 Al 原子后的 Mo-FeAl/Fe₃Al 的界面结合能均小于零,表明这 3 种界面均为稳定结构。

表 8.1　合金化前后 FeAl/Fe₃Al、Cr‐FeAl/Fe₃Al 和 Mo‐FeAl/Fe₃Al 相界总能、各相表面能量及界面结合能

单位:eV

	$E_{P1/P2}$	E_{P1}	E_{P2}	E_{In}
FeAl/Fe₃Al	−54 080.754 26	−22 175.152 5	−31 888.059 98	−17.541 78
Cr-FeAl/Fe₃Al	−56 494.287 45	−24 586.667 2	−31 890.483 25	−17.137 00
Mo-FeAl/Fe₃Al	−55 962.202 77	−24 034.954 3	−31 888.226 35	−39.022 12

8.3.2　FeAl/Fe₃Al、Cr‐FeAl/Fe₃Al 以及 Mo‐FeAl/Fe₃Al 界面的断裂功

本书 7.1.4 章节中记述的 Griffith 断裂功可以用于确定合金元素 Cr、Mo 对 FeAl/Fe₃Al 界面结合强度的影响。式(7.2)为 Griffith 断裂功的计算公式,将表 8.1 中所列的 FeAl/Fe₃Al、Cr-FeAl/Fe₃Al 和 Mo-FeAl/Fe₃Al 界面的总能,FeAl 相、Fe₃Al 相的表面结构能量以及 Cr 和 Mo 分别替代相应位置 Al 原子的 Cr-FeAl 和 Mo-FeAl 相表面的能量代入式(7.2)中。各能量计算时,对相应模型进行结构优化时分别进行了晶格常数的优化。FeAl/Fe₃Al、Cr-FeAl/Fe₃Al 和 Mo-FeAl/

Fe_3Al 的共格界面的面积分别为 0.446 6 nm^2、0.443 3 nm^2 和 0.447 3 nm^2，代入式(7.2)计算得到相界面断裂功如图 8.4 所示，Cr、Mo 在 $FeAl/Fe_3Al$ 界面的合金化均提高了 $FeAl/Fe_3Al$ 相界的断裂功，表明合金元素 Cr、Mo 对 $FeAl/Fe_3Al$ 界面结合有强化作用。

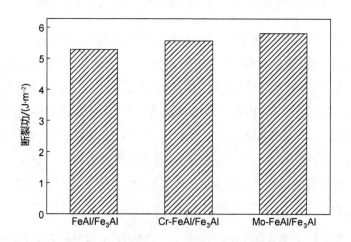

图 8.4   合金化前后 $FeAl/Fe_3Al$ 界面的断裂功

8.3.3   Cr、Mo 对 $FeAl/Fe_3Al$ 界面电子结构影响的分析

图 8.5 为 $FeAl/Fe_3Al$ 界面和 Cr、Mo 分别在 $FeAl/Fe_3Al$ 界面处合金化的系统总态密度，以及合金化前后 $FeAl/Fe_3Al$ 界面各原子的总态密度。为了准确把握 $FeAl/Fe_3Al$ 界面处原子的电子结构，图 8.5 中列出了 $FeAl/Fe_3Al$ 界面处的各个占位原子的态密度，图中标注的号码表示 Al 和 Fe 原子所占的位置，分别与图 8.2 中 Al 和 Fe 的号码一致。图 8.5 (a) 为 $FeAl/Fe_3Al$ 界面的态密度图，其总态密度在靠近费米能级的位置出现一个峰值，成键电子的能量主要分布在 $-8.144\ 72 \sim 0.457\ 32$ eV 范围内。$FeAl/Fe_3Al$ 界面处单个原子的态密度显示有些位于不同位置的原子其态密度出现不同，有的差异较大。其中，Al 原子的态密度形态总体较为接近，而波峰出现的位置较为不同，位于 Fe_3Al001 上的 2 个 Al 原子（Al_1 和 Al_2）的态密度一致，位于 $FeAl001$ 上的 4 个 Al 原子中 Al_3、Al_5 和 Al_6 的态密度一致，而 Al_4 的态密度有微小的差异；而 Fe 原子态密度形态的差异较大，位于 Fe_3Al001 上的 6 个 Fe 原子中有 2 种不同的态密度，其中位置 Fe_1、Fe_2、Fe_5 和 Fe_6 的相同，位置 Fe_3 和 Fe_4 的相同。位于 $FeAl001$ 上的 4 个 Fe 原子即 Fe_7、Fe_8、Fe_9

和 Fe₁₀ 的态密度形态相同。Fe 原子的 3 种态密度形态以及峰值出现的位置均有较大差异。

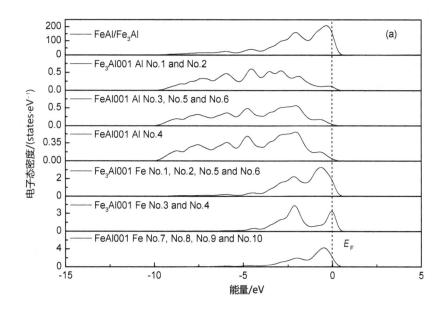

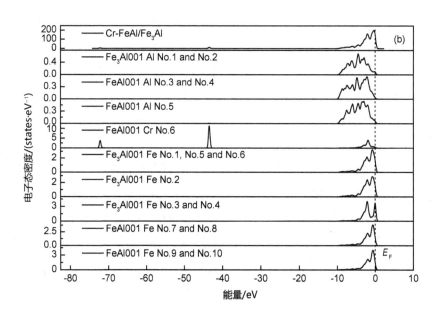

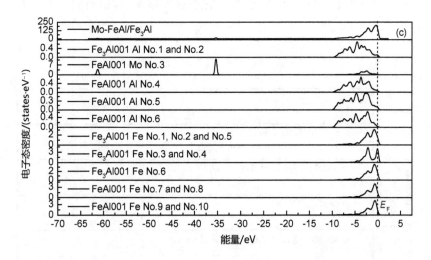

图 8.5 FeAl/Fe₃Al、Cr-FeAl/ Fe₃Al 及 Mo-FeAl/ Fe₃Al 界面的态密度图

图 8.5(b)为 Cr-FeAl/ Fe₃Al 界面的态密度图,成键电子的能量主要分布在 $-72.487\ 67 \sim -71.799\ 62$ eV、$-43.985\ 65 \sim -42.978\ 26$ eV 和 $-9.722\ 84 \sim 0.636\ 02$ eV 三个区间,Fe、Al 和 Cr 原子的强烈成键区域在 $-8.117\ 41 \sim 0.483\ 13$ eV 能级区间。Cr 的加入影响了 FeAl/ Fe₃Al 界面处 Al 原子态密度的波形和峰值,并且分化了 Al 原子态密度形态的种类,使 Fe₃Al001 上 2 个 Al 原子态密度的峰值更尖锐,对 FeAl001 上 Al₄ 的态密度影响更为明显,使其波峰更为突出。对 FeAl/Fe₃ Al 界面处 Fe 原子态密度的形态有很大的分化作用,种类由 FeAl/Fe₃Al 界面时的 3 种分化为 8 种,且其波形和峰值均有很大变化。Cr 原子的态密度出现 3 个峰值区,Cr-FeAl/Fe₃Al 界面的总态密度中低能级处的 2 个峰值就是由 Cr 贡献的。

图 8.5 (c)为 Mo-FeAl/ Fe₃Al 界面的态密度图,成键电子的能量主要分布在 $-61.517\ 64 \sim -60.862\ 73$ eV、$-35.779\ 35 \sim -34.862\ 46$ eV 和 $-9.713\ 59 \sim 0.666\ 87$ eV 三个区间,Fe、Al 和 Mo 原子的强烈成键在 $-8.109\ 04 \sim 0.470\ 39$ eV能级区间。Mo 的加入影响了 FeAl/Fe₃Al 界面处 Al 原子态密度的波形和峰值,分化了 Al 原子态密度形态的种类,由 FeAl/Fe₃Al 界面时的 3 种分化为 4 种,使 Fe₃Al001 上 2 个 Al 原子态密度的波峰更尖锐,对 FeAl001 上 Al 原子的态密度影响更为明显,合金化前的波形较为一致。Mo 的加入分化了 FeAl/Fe₃Al

界面处 Fe 原子态密度的状态,种类由 FeAl/Fe₃Al 界面时的 3 种分化为 5 种,且其波形有较大影响。Mo 原子的态密度出现 3 个峰值区,Mo-FeAl/Fe₃Al 界面总态密度中低能级处的 2 个峰值就是由 Mo 贡献的。

FeAl/Fe₃Al、Cr-FeAl/Fe₃Al 与 Mo-FeAl/Fe₃Al 界面的态密度图显示,与 FeAl/Fe₃Al 界面相比,Cr-FeAl/Fe₃Al 与 Mo-FeAl/Fe₃Al 中均在低能级区出现非常明显的两个峰值,并且 Cr-FeAl/Fe₃Al 与 Mo-FeAl/Fe₃Al 界面处 Al 和 Fe 原子的态密度状态出现了更多的分化,说明 Cr 和 Mo 在 FeAl/Fe₃Al 界面处的合金化增强了 FeAl/Fe₃Al 界面体系的结合能力。分别加入 Cr、Mo 对 FeAl/Fe₃Al 界面的影响较为类似。Cr 的加入使 Fe 原子,特别是 FeAl001 上 Fe 原子的态密度状态出现更多的分化,而 Mo 的加入则对 FeAl001 上 Al 原子的态密度状态出现更多的分化和影响。Cr 的加入使 FeAl/Fe₃Al 界面的态密度分布在更大的能级区域,与 Mo 的加入相比,其峰值出现在更低的能级区域,而强烈成键区两者基本一致。

为了比较合金元素 Cr、Mo 对 FeAl/Fe₃Al 相界面原子键合强度的影响,本研究计算了 FeAl/Fe₃Al、Cr-FeAl/Fe₃Al 以及 Mo-FeAl/Fe₃Al 相界费米能级以下的重叠电子数,结果如图 8.6 所示,显示 Cr、Mo 合金化后 FeAl/Fe₃Al 相界断裂强度的提高很可能与 Cr、Mo 提高了 FeAl/Fe₃Al 相界面原子间电子的相互作用强度有关。

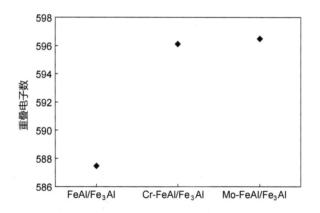

图 8.6　合金化前后 FeAl/Fe₃Al 相界的重叠电子数

8.3.4 Cr、Mo 对 FeAl/Fe₃Al 电荷密度的影响

图 8.7(a)、(b)和(c)分别为 FeAl/Fe₃Al 相界、Cr-FeAl/Fe₃Al 相界以及 Mo-FeAl/Fe₃Al 相界的差分电荷密度图,本研究选取了包含合金元素的(100)面合金化前后的差分电荷密度进行分析。如图 8.7 所示,Fe₃Al 相中的 Al 与 Al 间的电荷分布形状与 FeAl 相中的不同,且更呈现出方向性;越靠近相界处的原子间的电荷分布的方向性越不明显。

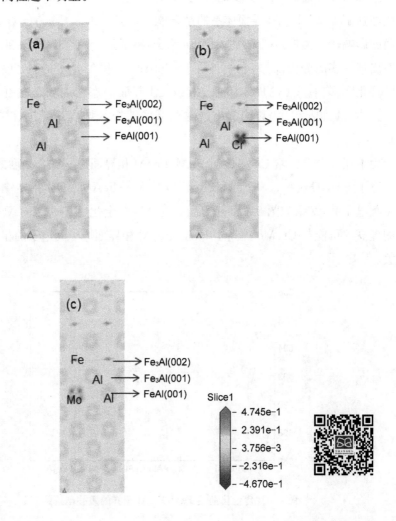

图 8.7 FeAl/Fe₃Al、Cr-FeAl/Fe₃Al 及 Mo-FeAl/Fe₃Al 相界的差分电荷密度图

图 8.7（b）显示 Cr 的加入改变了 FeAl/Fe₃Al 界面处 FeAl（001）和 Fe₃Al（001）上 Cr 周围 Al 原子之间电子排布形态并增强了其电荷密度,此外,还改变了 Fe₃Al（002）上 Fe 原子之间的电子排布形态并增强了其电荷密度。图 8.7（c）显示 Mo 的加入对 FeAl/Fe₃Al 界面处 Mo-Fe 和 Mo-Al 间的电荷密度有较为明显的增加,具体而言,在 FeAl（001）和 Fe₃Al（001）上,Mo 与其周围的 Al 原子间电子排布形态较合金化前改变明显,同时电荷密度增强了,此外,Mo 还改变了 Fe₃Al（002）上 Fe 原子之间的电子排布形态并增强了其电荷密度。

总体来看,添加 Cr 对 FeAl/Fe₃Al 界面处与 Al 和 Fe 之间的电荷密度和排布形态的影响较大,而对于其他部分的电子排布形态没有明显的改变。而 Mo 的添加对 FeAl/Fe₃Al 界面结构整体的电子排布形态有较为明显的影响,且使界面处 Mo-Fe 和 Mo-Al 间的电荷密度有明显提高。上述现象可以解释 Cr、Mo 的添加均提高了 FeAl/Fe₃Al 界面的结合能力,而 Mo 的提高效果更为明显。

8.4 本章小结

本章研究了 Cr、Mo 对 FeAl/Fe₃Al 相界面结合以及电子结构的影响。首先建立 FeAl/Fe₃Al 相界面模型,由于 FeAl/Fe₃Al 相界面存在 2 种可能的结构,通过结合能的计算确定最稳定的 FeAl/Fe₃Al 相界面模型。然后,构筑 Cr、Mo 分别替代 FeAl/Fe₃Al 相界面处 16 种可能占位的合金化结构,通过结合能计算结果,分析最终的 Cr、Mo 合金化的计算模型。通过计算和分析各体系的相界面结合能、态密度以及差分电荷密度,主要得到以下结论:

（1）基于结合能的计算结果发现,合金元素 Cr、Mo 均优先替代 FeAl/Fe₃Al 相界面处的 Al 原子。

（2）Cr、Mo 在 FeAl/Fe₃Al 界面均提高了界面结合能以及增大了断裂功,即 Cr、Mo 元素均强化了 FeAl/Fe₃Al 界面,且 Mo 较 Cr 强化效应更大。

（3）态密度以及重叠电子数的分析显示,Cr、Mo 的添加均增加了 FeAl/Fe₃Al 相界面态密度的成键峰个数,分化了 FeAl/Fe₃Al 界面处 Al 和 Fe 原子的态密度状态,并增加了 FeAl/Fe₃Al 界面的重叠电子数。

（4）通过差分电荷密度的分析可知,Cr 对 FeAl/Fe₃Al 界面处与 Al 和 Fe 之间的排布形态的影响较大,且增强了 Cr-Fe 和 Cr-Al 间的电荷密度,而对于其他部分的电子排布形态没有明显的改变。而 Mo 的添加对 FeAl/Fe₃Al 界面结构整体的电子排布形态有较为明显的影响，且使界面处 Mo-Fe 和 Mo-Al 间的电荷密度有明显提高。可以解释 Cr、Mo 的添加均提高了 FeAl/Fe$_3$Al 界面的结合能力，而 Mo 的提高效果更为明显。

第 9 章　结论与展望

9.1　结论

本书针对 Cr、Mo 合金元素对 Fe-Al 金属间化合物强韧性作用机理进行了深入的研究。基于第一性原理的密度泛函理论以及固体与分子经验电子理论,系统探讨了合金化中重要的两个元素 Cr、Mo 在固溶替代、晶界处偏析、析出强化和沉淀强化四个方面分别对 Fe-Al 金属间化合物中两种主要的有序相 B_2 型 FeAl 相和 DO_3 型 Fe_3Al 相的强度和韧性的影响,以及这种影响的作用机理,为设计高强韧性的 Fe-Al 合金提供了理论依据。得出的主要结论如下:

(1) 采用基于第一性原理的密度泛函理论以及固体与分子经验电子理论,研究了合金元素 Cr、Mo 固溶于 B_2-FeAl 和 DO_3-Fe_3Al 时,对这两种相的力学性能和电子结构的影响。研究发现,Cr、Mo 固溶于 FeAl 相和 Fe_3Al 相时,合金元素替代 Al 元素位置,形成的三元合金结构稳定;Cr、Mo 的固溶均提高了 FeAl 相和 Fe_3Al 相的强度和韧性,且 Mo 提高的幅度更大。Cr、Mo 添加至 FeAl 时,Cr-Fe、Mo-Fe 和部分 Fe-Al 间的电荷转移量较添加前的 Fe-Al 间电荷转移量增加,从而增强了原子间离子键成分的作用;对于 Fe_3Al 而言,添加了 Cr 合金元素后,Cr-Fe 间和 Cr-Al 间的电荷密度较添加前 Al-Fe 间及 Al-Al 间的电荷密度有所增强,且减弱了 Fe-Fe 间的方向性,可以解释 Cr 对 Fe_3Al 的韧性略有提升的原因;而 Mo 的加入使 Fe 原子间电子云的方向性变得不明显,Fe-Mo 间的电荷密度较 Fe_3Al 中 Fe-Al 间的增大较为明显,可以解释 Mo 加入后对 Fe_3Al 的韧性增强的原因。根据态密度的分析,Cr、Mo 的添加增加了 FeAl 和 Fe_3Al 的态密度成键峰数量,除 Fe 的 s、p、d 轨道和 Al 的 s、p 轨道电子的杂化外,Cr-d 和 Mo-d 轨道电子也参与了 FeAl 金属间化合物的轨道电子杂化,增强了原子间的结合能力。

(2) 构筑了 $FeAl\Sigma 3(10\bar{1})$ 和 $Fe_3Al\Sigma 5(012)$ 晶界结构,研究了合金元素 Cr、Mo

在上述晶界处的稳定性、偏析效应以及对电子结构等的影响。研究发现,Cr、Mo 分别渗入 $FeAl\Sigma 3(10\bar{1})$ 和 $Fe_3Al\Sigma 5(012)$ 晶界处,从热力学性质方面考虑,均可提高体系的稳定性。Cr、Mo 在 $FeAl\Sigma 3(10\bar{1})$ 和 $Fe_3Al\Sigma 5(012)$ 晶界处偏析时,晶界强化能提高,对晶界起到强化作用,其中 Mo 对 FeAl 晶界的强化作用明显,而 Cr 则对 Fe_3Al 晶界的强化作用明显。Cr、Mo 加入晶界后,增加了 FeAl 和 Fe_3Al 晶界体系的成键峰数量,除 Fe 的 s、p、d 轨道和 Al 的 s、p 轨道电子的杂化外,Cr-d 和 Mo-d 的轨道电子也参与了 FeAl 晶界体系的轨道电子杂化,增强了原子间的结合能力。Cr、Mo 在 FeAl 晶界时,改变了 Fe 与 Al、Fe 与 Fe 以及 Al 与 Al 原子周围电子排布的形态,合金元素 Cr、Mo 与 Fe 和 Al 原子间的电荷密度均大于合金化前 Fe 与 Al、Fe 与 Fe 以及 Al 与 Al 原子间的电荷密度,提高了 FeAl 晶界的稳定性;界面处 Cr-Fe 和 Cr-Al 间的电荷密度均大于合金化前 Fe-Al 和 Al-Al 间的电荷密度。而 Mo 加入 Fe_3Al 晶界体系中对电子排布形态改变不大,界面处 Mo-Fe 和 Mo-Al 间的电荷密度大于合金化前 Fe-Al 及 Al-Al 间的电荷密度。

(3) 研究了 Fe-Al 中的主要析出相 Cr_2Al 和难溶沉淀相 Mo 分别与 FeAl 相及 Fe_3Al 相形成界面的稳定性、界面结合情况以及电子结构。由于 Fe_3Al/Fe_3Al、Cr_2Al/Fe_3Al 和 Mo/Fe_3Al 相界面结构分别有 2 种可能性,通过结合能的计算确定各相界面的模型,研究发现,析出相 Cr_2Al 和沉淀相 Mo 对 FeAl 相均起界面强化作用,且 Cr_2Al 的作用更强。这是由于 $Cr_2Al/FeAl$ 中的原子最为密集,在 Cr_2Al 晶粒中 Cr-Al 间的电荷密度很大,在 $Cr_2Al/FeAl$ 界面处,可以明显地观察到 Cr、Al 与 Fe 间电子排布形态与 $FeAl/FeAl$ 界面处不同,其电子云的方向性不明显,可以解释 Cr_2Al 与 FeAl 相界的结合能力最强的原因。$Mo/FeAl$ 相界面体系的 Mo 相晶粒中,Mo 原子间的电荷密度很大,而在 $Mo/FeAl$ 界面处,Mo-Fe 和 Mo-Al 间的电子云方向性较 $FeAl/FeAl$ 界面处减弱,可以解释 Mo 相增加了 FeAl 相界面的结合能力。Mo 对 Fe_3Al 相起到了界面强化作用,而 Cr_2Al 对 Fe_3Al 界面产生幅度较小的弱化。这是由于 Cr_2Al/Fe_3Al 界面处的 Cr-Fe 和 Al-Fe 间的电荷密度与 Fe_3Al/Fe_3Al 界面处 Fe-Al 间的电荷密度基本保持不变,而界面的宽度明显增加,可以解释 Cr_2Al/Fe_3Al 界面断裂功较 Fe_3Al/Fe_3Al 有所下降的原因。Mo/Fe_3Al 与 Fe_3Al/Fe_3Al 界面相比,界面宽度基本保持不变,而 Mo/Fe_3Al 界面处 Mo-Fe 间的电荷密度较 Fe_3Al/Fe_3Al 界面处 Fe-Al 间的电荷密度明显增加,可以解释 Mo/Fe_3Al 界面断裂功较 Fe_3Al/Fe_3Al 有较为明显增大的原因。

(4) 研究了合金元素 Cr、Mo 在 $FeAl/Fe_3Al$ 界面的稳定性和偏析行为,分析了 Cr、Mo 对 FeAl/Fe$_3$Al 界面结合情况以及电子结构的影响。研究发现,通过结合能的计算确定了 FeAl/Fe$_3$Al 相界面体系的计算模型,以及分别用合金元素 Cr 和 Mo 替代 FeAl/Fe$_3$Al 相界面的所有 16 种可能的原子位置的合金化体系的稳定结构,并发现 Cr、Mo 均优先替代 FeAl/Fe$_3$Al 相界面处的 Al 原子。根据 Griffith 断裂功的计算结果分析,Cr、Mo 在 FeAl/Fe$_3$Al 相界处增大了断裂功的数值,对 FeAl/Fe$_3$Al 相界面均具强化作用,其强化作用的大小顺序为 Mo-FeAl/Fe$_3$Al>Cr-FeAl/Fe$_3$Al。态密度以及重叠电子数的分析显示,Cr、Mo 的添加均增加了 FeAl/Fe$_3$Al 相界面态密度的成键峰个数,分化了 FeAl/Fe$_3$Al 界面处 Al 和 Fe 原子的态密度状态,并增加了 FeAl/Fe$_3$Al 界面的重叠电子数。通过差分电荷密度的分析可知,Cr 对 FeAl/Fe$_3$Al 界面处 Al 和 Fe 之间的电荷密度和排布形态的影响较大,且增强了 Cr-Fe 和 Cr-Al 间的电荷密度,而对于其他部分的电子排布形态没有明显的改变。而 Mo 的添加对 FeAl/Fe$_3$Al 界面结构整体的电子排布形态有较为明显的影响,且使界面处 Mo-Fe 和 Mo-Al 间的电荷密度有明显提高。可以解释 Cr、Mo 的添加均提高了 FeAl/Fe$_3$Al 界面的结合能力,而 Mo 的提高效果更为明显。

9.2　主要创新点

本书在以下几方面存在创新点:

(1) 采用密度泛函理论以及固体与分子经验电子理论相结合的方法,研究了 Cr、Mo 元素固溶对 FeAl 和 Fe$_3$Al 相的增韧机制。发现 Cr、Mo 优先占据 Al 原子位,Cr、Mo 的加入使 FeAl 三元合金中 Cr-Fe、Mo-Fe 和部分 Fe-Al 间的电荷转移量较加入前的 Fe-Al 间电荷转移量有所增加;而 Cr 加入 Fe$_3$Al 时 Cr-Fe 和 Cr-Al 间的电荷密度较加入前的 Al-Fe 间及 Al-Al 间的电荷密度有所增加,Mo 的加入则使 Fe 原子间电子云的方向性变得不明显,Fe-Mo 间较 Fe$_3$Al 二元合金中 Fe-Al 间的电荷密度增大。上述原因使得 Cr、Mo 增强了 FeAl 相和 Fe$_3$Al 相的韧性,为 Fe-Al 合金强韧性设计提供了理论基础。

(2) 自主开发了基于固体与分子经验电子理论的键距差计算系统,利用密度泛函理论计算得到的晶格常数、邻近原子成键的键长及键数等数据作为输入参数,解决了传统 EET 方法计算中,添加合金元素形成 FeAl 和 Fe$_3$Al 的三元合金后,由于合金元素进入晶胞带来晶胞畸化,使得成键键长出现分化,而实际中又很难通过实验方法获得这些键长和键数的具体数值而导致的计算精度差的问题。

（3）系统研究了 Cr、Mo 元素对 Fe-Al 系晶界和相界稳定性以及偏析作用的影响。构筑了 FeAlΣ3（10$\bar{1}$）晶界、Fe$_3$AlΣ5（012）晶界及 FeAl/Fe$_3$Al 相界模型，确定了 Cr、Mo 在 FeAl 晶界、Fe$_3$Al 晶界及 FeAl/Fe$_3$Al 相界的稳定结构。研究发现，Cr、Mo 对界面起强化作用，且这种作用与电子结构有关。Cr、Mo 的添加增加了 FeAl 和 Fe$_3$Al 晶界体系中态密度的成键峰个数，使 Cr-d 和 Mo-d 轨道电子参与了晶界中轨道电子的杂化，提高了各体系中原子间的结合能力。Cr 在 FeAl/Fe$_3$Al 相界处增强了 Cr-Fe 和 Cr-Al 间的电荷密度；而 Mo 在 FeAl/Fe$_3$Al 相界处使 Mo-Fe 和 Mo-Al 间电荷密度有更明显的增强。可以解释 Cr、Mo 的添加均提高了 FeAl/Fe$_3$Al 界面的结合能力，而 Mo 的提高效果更为明显。

（4）系统研究了析出相 Cr$_2$Al 和难溶沉淀相 Mo 对 FeAl 和 Fe$_3$Al 相界面的稳定性、界面结合情况以及电子结构的影响及机理。确定了 Cr$_2$Al 和 Mo 分别与 FeAl 相和 Fe$_3$Al 相形成的稳定界面体系。发现了 Cr$_2$Al 相和 Mo 相对 FeAl 相均起到了界面强化作用，而 Cr$_2$Al 相对 FeAl 相的强化作用更明显；Cr$_2$Al 对 Fe$_3$Al 相有小幅弱化，而 Mo 对 Fe$_3$Al 相起强化作用。Cr$_2$Al 这种不同的作用效果与其不同相界面的电子结构有关，Cr$_2$Al/FeAl 与 FeAl/FeAl 界面处相比，Cr、Al 与 Fe 间电子云的方向性变得不明显；而 Cr$_2$Al/Fe$_3$Al 界面处的 Cr-Fe 与 Al-Fe 间的电荷密度与 Fe$_3$Al/Fe$_3$Al 界面处 Fe-Al 间的电荷密度基本保持不变，而界面的宽度却明显增加。

9.3 展望

本书研究的出发点是利用量子力学理论对铁铝金属间化合物进行优化设计，建立合金电子结构与力学性能间的关系，总结本书研究工作，我们对今后工作的展望如下：

（1）研究合金元素在 Fe-Al 中固溶替代时的增韧机理为本书的主要内容，今后相关研究中继续探讨存在空位原子时合金元素对 Fe-Al 韧性的影响，则可以为实验中设计高强韧性 Fe-Al 合金提供更为完整的理论依据。

（2）本书的主要内容为合金元素对 Fe-Al 合金强韧化作用机制的研究，而在研究的过程中，我们侧重于对不同合金元素对 Fe-Al 合金强韧化的作用机制，而对各个合金元素在 Fe-Al 合金中添加不同的含量对 Fe-Al 合金强韧化作用的影响研究得较为薄弱,在后续的工作中尚需对合金元素在 Fe-Al 合金中添加的含量不同时对合金力学性能的影响做进一步的研究和完善,使得研究工作更加系统化。

(3) 本书研究了合金元素对 Fe-Al 晶体、晶界面以及相界面的强韧化机理,研究中排除了环境因素的影响。而实际应用中环境致脆是 Fe-Al 金属间化合物出现脆性的重要因素之一,在后续工作中研究合金元素对 H、Cl 等元素固溶和嵌入 Fe-Al 时的影响,将有助于更全面地揭示合金元素对 Fe-Al 强韧化作用的机理。

(4) 本书主要进行了合金元素对 Fe-Al 合金强韧化作用机制的研究,研究的过程中,我们侧重于在 0 K 温度下探讨合金元素对 Fe-Al 合金强韧化的作用机制,而对在不同温度条件下合金元素对 Fe-Al 合金强韧化作用的影响研究尚未涉及,在后续的工作中尚需对在不同温度条件下合金元素对合金力学性能及热力学特性的影响做进一步的研究和完善,使得研究工作更加系统化。

参 考 文 献

[1] FEDORISCHEVA M V , SERGEEV V P, POPOVA N A, et al. Temperature effect on microstructure and mechanical properties of the nano-structured Ni_3Al coating[J]. Materials Science and Engineering A, 2008,6(483-484):644-647.

[2] DEEVI S C , SIKKA V K. Nickel and iron aluminides: an overview on properties, processing, and applications[J]. Intermetallics, 1996,4(5):357-375.

[3] STOLOFF N S, LIU C T, DEEVI S C. Emerging applications of intermetallics[J]. Intermetallics, 2000,8(9-11):1313-1320.

[4] YOO M H. Twinning and mechanical behavior of titanium aluminides and other intermetallics[J]. Intermetallics, 1998,6(7-8):597-602.

[5] MCKAMEY G C, DEVAN J H, TORTORELLI P F, et al. A review of recent developments in Fe_3Al-based alloys[J]. Journal of Materials Research, 1991,6(8): 1779-1805.

[6] LIU L M, WANG S Q, YE H Q. First-principles study of polar Al/TiN(111) interfaces[J]. Acta Materialia, 2004,52(12): 3681-3688.

[7] STOLOFF N S. Iron aluminides: present status and future prospects[J]. Materials Science and Engineering A, 1998,258(1-2):1-14.

[8] WU R, ZHONG L P, CHEN L J, et al. First-principles determination of the tensile and slip energy barriers for B_2 NiAl and FeAl[J]. Physical Review B, Condensed Matter, 1996,54(10):7084-7089.

[9] MORRIS D G, MUNOZ-MORRIS M A, CHAO J. Development of high strength, high ductility and high creep resistant iron aluminide[J]. Intermetallics, 2004,12(7-9): 821-826.

[10] PALM M. Concepts derived from phase diagram studies for the strengthening of Fe-Al-based alloys[J]. Intermetallics,2005,13(12):1286-1295.

[11] SONG B, DONG S J, CODDET P, et al. Fabrication and microstructure characterization of selective laser-melted FeAl intermetallic parts[J]. Surface and coatings Technology, 2012,206(22):4704-4709.

[12] CHAKRABORTY S P, SHARMA I G, MENON P R, et al. Preparation and characterization of iron aluminide based intermetallic alloy from titaniferous magnetite ore[J]. Journal of Alloys and Compounds,2003,359(1-2):159-168.

[13] 孙祖庆,黄原定,杨王玥,等.Fe₃Al 基金属间化合物合金强韧化途径探索[J].金属学报,1993,29(8):A354-A358.

[14] LIU C T, GEORGE E P, MAZIASZ P J, et al. Recent advances in B₂ iron aluminide alloys:deformation, fracture and alloy design[J]. Materials Science and Engineering A, 1998,258(1-2):84-98.

[15] 陆永浩,邢志强.Fe₃Al 金属间化合物的回顾及展望[J].北京工业大学学报,1996,22(3):131-140.

[16] OKAMOTO H, BECK P A. Phase relationships of Fe₃Al-Type aluminide[J]. Welding Journal, 1993,72(5):201-207.

[17] LESOILLE M R, GIELEN P M. The order-disorder transformation in Fe₃Al alloys[J]. Physica Status Solidi (b),2006,37(1):127-139.

[18] IKEDA O, OHNUMA I, KAINUMA R, et al. Phase equilibria and stability of ordered BCC phases in the Fe-rich portion of the Fe-Al system[J]. Intermetallics, 2001,9(9):755-761.

[19] YOSHIMI K, HANADA S, YOO M H. On lattice defects and strength anomaly of B₂-type FeAl[J]. Intermetallics, 1996,4(8):S159-S169.

[20] BRANDES E A, BROOK G B. Smithells metals reference book[M]. London: Butterworth-Heinemann, 1992:6-15.

[21] 高海燕,贺跃辉,沈培智.FeAl 金属间化合物研究现状[J]. 材料导报,2008,22(7):68-71.

[22] DORFMAN S. Non-empirical study of energy parameters in B₂ and DO₃ phases of Fe-Al alloy[J]. Computational Materials Science,2000,17(2-4):186-190.

[23] 邢志强,陆永浩. 高强韧性 B₂ 结构铁铝金属间化合物的开发[J]. 北京工业大学学报, 1994,20 (3):14-20.

[24] 张永刚,韩雅芳,陈国良.金属间化合物结构材料[M].北京:国防工业出版社,2001:

142-144.

[25] WASHBURN J. Electron microscopy and strength of crystals[M]. New York: Interscience Publishers, 1963:333-350.

[26] REDDY B V, DEEVI S C. Thermophysical properties of FeAl (Fe-40at. %Al)[J]. Intermetallics, 2000,8(12):1369-1376.

[27] NAKAMURA R, TAKASAWA K, YAMAZAKI Y, et al. Single-phase interdiffusion in the B_2 type intermetallic compounds NiAl, CoAl and FeAl [J]. Intermetallics, 2002,10(2):195-204.

[28] GEDEVANISHVILI S, DEEVI S C. Processing of iron aluminides by pressureless sintering through Fe Al elemental route [J]. Materials Science and Engineering A, 2002,325(1-2):163-176.

[29] SCHNEIBELA J H, PIKE L M. A technique for measuring thermal vacancy concentrations in stoichiometric FeAl[J]. Intermetallics,2004,12(1):85-90.

[30] HARAGUCHI T, YOSHIMI K, KATO H, et al. Determination of density and vacancy concentration in rapidly solidified FeAl ribbons[J]. Intermetallics, 2003,11(7):707-711.

[31] LANG F Q, YU Z M, GEDEVANISHVILI S, et al. Corrosion behavior of Fe-40Al sheet in N_2-11.2O_2-7.5CO_2 atmospheres with various SO_2 contents at 1273 K[J]. Intermetallics,2003,11(2):135-141.

[32] LANG F Q, YU Z M, GEDEVANISHVILI S, et al. Sulfidation behavior of Fe-40Al sheet in H_2-H_2S mixtures at high temperatures[J]. Intermetallics, 2004,12(5): 469-475.

[33] GRABKE H J. Oxidation of NiAl and FeAl [J]. Intermetallics, 1999,7(10): 1153-1158.

[34] GAO W, LI Z W, WU Z, et al. Oxidation behavior of Ni_3Al and FeAl intermetallics under low oxygen partial pressures[J]. Intermetallics,2002,10(3): 263-270.

[35] LANG F Q, YU Z M, GEDEVANISHVILI S, et al. Isothermal oxidation behavior of a sheet alloy of Fe-40at. %Al at temperatures between 1073 K and 1473 K[J]. Intermetallics, 2003,11(7): 697-705.

[36] MONTEALEGRE M A, GONZALEZ-CARRASCO J L, MUNOZ-MORRIA M A. Oxidation behaviour of Fe_{40}Al alloy strip[J]. Intermetallics,2001,9(6): 487-492.

[37] LIU Z Y, GAO W, WANG F H. Oxidation behaviour of FeAl intermetallic coatings produced by magnetron sputter deposition sputter deposition[J]. Scripta Materialia, 1998,39(11):1497-1502.

[38] XU C H, GAO W, HE Y D. High temperature oxidation behaviour of FeAl intermetallics-oxide scales formed in ambient atmosphere[J]. Scripta Materialia, 2000,42(10): 975-980.

[39] CRAWFORD R C, RAY I L F. Antiphase boundary energies in iron-aluminium alloys[J]. Philosophical Magazine, 1977,35(3):549-565.

[40] 山口正治,马越佑吉. 金属间化合物[M]. 丁树深,译. 北京:科学出版社,1991.

[41] LIU C T, GEORGE E P. Effect of aluminum concentration and boron dopant on environmental embriitlement in feal aluminides[J]. MRS Proceedings, 1990,213: 527-540.

[42] COHRON J W, LIN Y, ZEE R H, et al. Room-temperature mechanical behavior of FeAl: effects of stoichiometry, environment, and boron addition [J]. Acta Materialia, 1998,46(17):6245-6256.

[43] LIU C T, LEE E H, MCKAMEY C G. An environmental effect as the major cause for room-temperature embrittlement in FeAl[J]. Scripta metallurgica, 1989,23(6): 875-880.

[44] LYNCH R J, GEE K A, HELDT L A. Environmental embrittlement of single crystal and thermomechanically processed B_2-ordered iron aluminides[J]. Scripta Metallurgica et Materialia, 1994,30(7):945-950.

[45] NATHAL M V, LIU C T. Intrinsic ductility of FeAl single crystals [J]. Intermetallics, 1995,3(1):77-81.

[46] LI J C M, LIU C T. Crack nucleation in hydrogen embrittlement[J]. Scripta Metallurgica et Materialia, 1992,27(12):1701-1705.

[47] MUNROE P R, BAKER I. Observation of⟨001⟩dislocations and a mechanism for transgranular fracture on {001} in FeAl[J]. Acta Metallurgica et Materialia, 1991, 39(5):1011-1017.

[48] CHANG Y A, PIKE L M, LIU C T, et al. Correlation of the hardness and vacancy concentration in FeAl[J]. Intermetallics, 1993,1(2):107-115.

[49] XIAO H, BAKER I. The temperature dependence of the flow and fracture of Fe-

40Al[J]. Scripta Metallurgica et Materialia, 1993,28(11):1411-1416.

[50] XIAO H, BAKER I. The relationship between point defects and mechanical properties in FeAl at room temperature[J]. Acta Metallurgica et Materialia, 1995,43 (1):391-396.

[51] YANG Y, BAKER I, GEORGE E P. Effect of vacancies on the tensile properties of Fe-40Al single crystals in air and vacuum[J]. Materials Characterization, 1999,42(2-3):161-167.

[52] MORRIS D G, DADRAS M M, MORRIS M A. The influence of Cr addition on the ordered microstructure and deformation and fracture behaviour of a Fe-28% Al intermetallic[J]. Acta Metallurgica et Materialia, 1993,41(1):97-111.

[53] KERR W R. Fracture of Fe_3Al[J]. Metallurgical Transactions A, 1986,17(12): 2298-2300.

[54] STOLOFF N S, LIU C T. Environmental embrittlement of iron aluminides[J]. Intermetallics, 1994,2(2):75-87.

[55] IZUMI O. Intermetallic compounds-their promising future [J]. Materials Transactions, 1989,30(9): 627-638.

[56] KLEIN O, BAKER I. Effect of chromium on the environmental sensitivity of FeAl at room temperature[J]. Scripta Metallurgica et Materialia, 1992,27(12):1823-1828.

[57] TITRAN R H, VEDULA K M, ANDERSON G G. High temperature properties of Equiatomic FeAl with ternary additions[J]. MRS Proceedings, 1984,39:309-321.

[58] DIEHM R S, MIKKOLA D E. Effects of Mo and Ti additions on the high temperature compressive properties of iron aluminides near Fe_3Al[J]. MRS Online Proceeding Library, 1986, 81:329-334.

[59] 邓安华. 有色金属的强化方法[J]. 上海有色金属,2000,21(4):187-194.

[60] MUNROE R P, BAKER I. Microstructure and mechanical properties of Fe-40Al+ Cr alloys[J]. Scripta Metallurgica et Materialia,1990,24(12):2273-2278.

[61] MCKAMEY C G, HORTON J A, LIU C T. Effect of chromium on room temperature ductility and fracture mode in Fe_3Al[J]. Scripta Metallurgica, 1988,22 (10): 1679-1681.

[62] MCKAMEY C G, HORTON J A, LIU C T. Effect of chromium on properties of Fe_3Al[J]. Journal of Materials Research, 1989,4(5): 1156-1163.

[63] WANG H D, LA P Q, LIU X M, et al. Effect of chromium content on microstructure and mechanical properties of large dimensional bulk nanocrystalline based Fe-Al-Cr alloys prepared by aluminothermic reaction[J]. Materials and Design, 2013,47(2):125-132.

[64] LONGWORTH H P, MIKKOLA D E. Effects of alloying additions of titanium, molybdenum, silicon, hafnium and tantalum on the microstructure of iron aluminides near Fe$_3$Al[J]. Materials Science and Engineering A,1987,96(12):213-229.

[65] MCKAMEY C G, LIU C T. Chromium addition and environmental embrittlement in Fe$_3$Al[J]. Scripta Metallurgica et Materialia, 1990,24(11):2119-2122.

[66] 郭建亭,孙超,谭明晖,等.合金元素对 Fe$_3$Al 和 FeAl 合金力学性能的影响[J].金属学报,1990,26(1):20-25.

[67] ZHANG W J, SUNDAR R S, DEEVI S C. Improvement of the creep resistance of FeAl-based Alloys[J]. Intermetallics,2004,12(7-9):893-897.

[68] FUCHS G E, STOLOFF N S. Effects of temperature, ordering and composition on high cycle fatigue of polycrystalline Fe$_3$Al[J]. Acta Metallurgica, 1988,36(5):1381-1387.

[69] 姚正军,苏宏华,向定汉.合金元素的添加对 Fe$_3$Al 基合金有序转变温度的影响[J].南京航空航天大学学报,2002,34(3):230-234.

[70] MORRIS D G. International Symposium on Nickel and Iron Aluminides: Processing, Properties, and Applications[C]. Proceedings from Materials Week'96, 7～9 October 1996, ASM International, 1997:73-94.

[71] MCKAMEY C G, MAZIASZ P J, JONES J W, et al. Effect of addition of molybdenum or niobium on creep-rupture properties of Fe$_3$Al[J]. Journal of Materials Research, 1992,7(8):2089-2106.

[72] BALASUBRAMANIAM R. On the role of chromium in minimizing room temperature hydrogen embrittlement in iron aluminides[J]. Scripta Materialia, 1996, 34(1):127-133.

[73] BALASUBRAMANIAM R. Alloy development to minimize room temperature hydrogen embrittlement in iron aluminides[J]. Journal of Alloys and Compounds, 1997, 253-254(6):148-151.

[74] KONG C H, MUNROE P R. The effect of ternary additions on the vacancy

hardening of FeAl[J]. Scripta Metallurgica et Materialia, 1994,30(8):1079-1083.

[75] SCHNEIBEL J H, SPECHT E D, SIMPSON W A. Solid solution strengthening in ternary B_2 iron aluminides containing 3d transition elements[J]. Intermetallics, 1996,4(7):581-583.

[76] 吴希俊. 晶界结构及其对力学性质的影响(Ⅰ)[J]. 力学进展,1989,19(4):433-441.

[77] GRIMMER H, BOLLMANN W, WARRINGTON D H. Coincidence-site lattices and complete pattern-shift in cubic crystals[J]. Acta Crystallographica Section A, 1974,30(2):197-207.

[78] 吴希俊. 晶界结构及其对力学性质的影响(Ⅱ)[J]. 力学进展,1990,20(2):159-173.

[79] 苏钰,符仁钰,李麟,等. Fe-32Mn-2Si-4Al TWIP 钢退火织构和晶界特征的研究[J]. 钢铁研究学报,2010,22(2):22-27.

[80] HALL E O. The deformation and ageing of mild steel Ⅲ: Discussion of results[J]. Proceedings of the Physical Society Section B, 1951,64(9):747-753.

[81] PETCH N J. The cleavage strength of polycrystals[J]. Journal of the Iron and Steel Institute, 1953,174(1):25-28.

[82] URIE V M, WAIN H L. Plastic deformation of coarse-grained aluminum[J]. Journal of the Institute of Metals, 1952,81 (3):153-159.

[83] MURR L E. Some observations of grain boundary ledges and ledges as dislocation sources in metals and alloys[J]. Metallurgical and Materials Transactions A, 1975,6 (3):505-513.

[84] KE T S, CUI P, SU C M. Internal friction in high-purity aluminum single crystals [J]. Physica Status Solidi A, 1984,84(1):157-164.

[85] BISCONDI M. Structure et proprietes mecaniques des joints de grains[J]. Le Journal De Physique Colloques, 1982,43(C6):293-310.

[86] RUTTER J W, AUST K T. Migration of⟨100⟩tilt grain boundaries in high purity lead[J]. Acta Metallurgica, 1965,13(3):181-186.

[87] SEAH M P. Interface adsorption, embrittlement and fracture in metallurgy: A review[J]. Surface Science, 1975,53(1):168-212.

[88] 王译. 机械合金化和低温烧结制备 Fe_3Al 基合金的研究[D]. 西安:西安理工大学,2008:40-54.

[89] CRIMP M A, VEDULA K. Effect of boron on the tensile properties of B_2 FeAl[J].

Materials Science Engineering, 1986,78(2):193-200.

[90] CRIMP M A, VEDULA K, GAYDOSH D J. Room temperature tensile ductility in powder processed B_2 FeAl alloys [J]. Materials Research Society Symposium Proceedings,1987,81:499-504.

[91] CRIMP M A, VEDULA K. The relationship between cooling rate, grain size and the mechanical behavior of B_2 Fe-Al alloys[J]. Materials Science and Engineering A, 1993,165(1):29-34.

[92] BAKER I. Comments on "Optimization of the boron content in FeAl (40 at. % Al) alloys"[J]. Scripta Metallurgica et Materialia,1993,29(6):835-836.

[93] GAYDOSH D J, DRAPER S L, NATHAL M V. Microstructure and tensile properties of Fe-40at. pct Al alloys with C,Zr,Hf and B additions[J]. Metallurgical Transactions A,1989,20(9):1701-1714.

[94] LIU C T, GEORGE E P. Environmental embrittlement in boron-free and boron-doped FeAl (40 at. % Al) alloys [J]. Scripta Metallurgica et Materialia, 1990,24 (7):1285-1290.

[95] GLEASON N R, STRONGIN D R. A photoelectron spectroscopy and thermal desorption study of CO on FeAl(110) and polycrystalline TiAl and NiAl[J]. Surface Science, 1993,295(3):306-318.

[96] 郭建亭,殷为民,金瓯. 微量镁对长程有序金属间化合物 Fe_3Al 和 FeAl 力学性能的影响[J]. 材料工程, 1992,20(S1):42-44.

[97] 邓文,熊良铖,郭建亭,等. B,Zr 和 Si 对 FeAl 合金微观缺陷的影响[J]. 科学通报, 1994,39(8):696-698.

[98] 胡耿祥. 材料科学基础[M]. 上海:上海交通大学出版社,2000:116-127.

[99] 望斌,彭志方,周元贵,等. Fe-Al 金属间化合物材料的强化机理及其高温性能研究现状[J]. 材料导报, 2007, 21(7):63-66.

[100] 甄乾. Fe_3Al-Al_2O_3 复合材料制备及摩擦学性能研究[D]. 兰州:兰州理工大学, 2013:37-61.

[101] MORRIS D G, MUNOZ-MORRIS M A, REQUEJO L M. New iron-aluminium alloy with thermally stable coherent intermetallic nanoprecipitates for enhanced high-temperature creep strength[J]. Acta Materialia, 2006,54(9):2335-2341.

[102] 刘强. Fe_3Al/TiC 复合材料的微观组织与力学性能研究[D]. 济南:山东大学, 2005:

52-57.

[103] RISANTI D D, SAUTHOFF G. Strengthening of iron aluminide alloys by atomic ordering and Laves phase precipitation for high-temperature applications [J]. Intermetallics,2005,13(12):1313-1321.

[104] STEIN F, PALM M, SAUTHOFF G. Mechanical properties and oxidation behaviour of two-phase iron aluminium alloys with $Zr(Fe,Al)_2$ Laves phase or $Zr(Fe,Al)_{12}$ τ1 phase[J]. Intermetallics,2005,13(12):1275-1285.

[105] MUNROE R P, BAKER I. Microstructure and mechanical properties of Fe-40Al+Cr alloys[J]. Scripta Metallurgica et Materialia,1990,24(12):2273-2278.

[106] MCKAMEY C G, MAZIASZ P J, GOODWIN G M, et al. Effects of alloying additions on the microstructures, mechanical properties and weldability of Fe_3Al-based alloys[J]. Materials Science and Engineering A, 1994,174(1):59-70.

[107] SHANG S L, WANG Y, LIU Z K. First-principles elastic constants of α- and θ-Al_2O_3[J]. Applied Physics Letters, 2007,90(10):101909-101911.

[108] SHANG S L, SAENGDEEJING A, MEI Z G, et al. First-principles calculations of pure elements: Equations of state and elastic stiffness constants[J]. Computational Materials Science,2010,48(4):813-826.

[109] PONOMAREVA A V, VEKILOV Y K, ABRIKOSOV I A. Effect of Re content on elastic properties of B_2 NiAl from ab initio calculations[J]. Journal of Alloys and Compounds,2014,586 (S1): S274-S278.

[110] PANDA K B, CHANDRAN K S R. First principles determination of elastic constants and chemical bonding of titanium boride (TiB) on the basis of density functional theory[J]. Acta Materialia, 2006,54(6):1641-1657.

[111] DING Y C, CHEN M, WU W J. Mechanical properties, hardness and electronic structures of new post-cotunnite phase (Fe_2P-type) of TiO_2[J]. Physica B, 2014, 433(2):48-54.

[112] ZHANG C Z, KUANG X Y, JIN Y Y, et al. Structural stability and elastic properties of IrSi in B31 and B20-phase from first-principles calculations[J]. Journal of Alloys and Compounds, 2014,585(5):491-496.

[113] WANG A J, SHANG S L, HE M Z, et al. Temperature-dependent elastic stiffness constants of fcc-based metal nitrides from first-principles calculations[J]. Journal of

Materials Science, 2014,49(1):424-432.

[114] MEDVEDEVA N I, GORNOSTYREV Y N, NOVIKOV D L, et al. Ternary site preference energies, size misfits and solid solution hardening in NiAl and FeAl[J]. Acta Materialia, 1998,46(10): 3433-3442.

[115] FUKS D, STRUTZ A, KIV A. Influence of alloying on the thermodynamic stability of FeAl B_2 Phase[J]. Intermetallics, 2006,14(10-11):1245-1251.

[116] 赵荣达，朱景川，刘勇，等. FeAl(B_2)合金 La,Ac,Sc 和 Y 元素微合金化的第一性原理研究[J]. 物理学报,2012,61 (13):374-380.

[117] FU C L, PAINTER G S. First principles investigation of hydrogen embrittlement in FeAl[J]. Journal of Materials Research,1991,6(4):719-723.

[118] GENG W T, FREEMAN A J, WU R, et al. Effect of Mo and Pd on the grain-boundary cohesion of Fe[J]. Physical Review B, 2000,62(10):6208.

[119] KIM M, GELLER C B, FREEMAN A J. The effect of interstitial N on grain boundary cohesive strength in Fe[J]. Scripta Materialia, 2004,50(10):1341-1343.

[120] BRAITHWAITE J S, REZ P. Grain boundary impurities in iron [J]. Acta Materialia, 2005,53(9):2715-2726.

[121] SHANG J X, ZHAO X D, WANG F H, et al. Effects of Co and Cr on bcc Fe grain boundaries cohesion from first-principles study [J]. Computational Materials Science, 2006,38(1):217-222.

[122] YUASA M, MABUCHI M. First-principles study in Fe grain boundary with Al segregation: variation in electronic structures with straining [J]. Philosophical Magazine, 2013,93 (6):635-647

[123] REDDY B V, SATRY D H, DEEVI S C, et al. Magnetic coupling and site occupancy of impurities in Fe_3Al[J]. Physical Review B, 2001,64(22): 224419.

[124] CHENTOUF S, RAULOT J M, AOURAG H, et al. First principle study of the effect of Ti and Zr transition metals located in bulk $DO_3 Fe_3 Al$ and $\Sigma5$ (310)[001] grain boundary[J]. Intermetallics, 2012,28(1):1-10.

[125] HE B L, XIAO W, HAO W, et al. First-principles investigation into the effect of Cr on the segregation of multi-H at the Fe $\Sigma3$ (111) grain boundary[J]. Journal of Nuclear Materials, 2013,441 (1-3):301-305.

[126] 唐杰，张国英，鲍君善，等. 杂质 S 对 Fe/Al_2O_3 界面结合影响的第一性原理研究

[J]. 物理学报，2014,63(18):401-406.

[127] 彭艳，周惦武，徐少华，等. 钢/铝异种金属激光焊接 Fe/Al 界面微合金化的第一性原理研究[J]. 稀有金属材料与工程，2012,41(S2)：302-306.

[128] 孙飞. 镍基单晶高温合金中相界面的电子显微学与第一性原理研究[D]. 济南：山东大学，2014:43-105.

[129] LI J, YANG Y Q, FENG G H, et al. Adhesion and fracture toughness at α-Ti (0001)/TiC(111)：A first-principles investigation[J]. Applied Surface Science, 2013,286(12)：240-248.

[130] 余瑞璜. 固体与分子经验电子理论[J]. 科学通报，1978,23(4):217-224.

[131] 张建民. Fe-Al 合金的电子理论研究[D]. 长春：吉林大学，1994:19-125.

[132] 张建民，仲增墉，张瑞林，等. Fe-Al 系金属间化合物本征脆性的电子理论[J]. 材料研究学报，1996,10(3)：230-234.

[133] 尹衍升，孙扬善，熊宏齐，等. 三元 Fe_3Al 基金属间化合物价电子结构分析[J]. 金属学报，1993,29(11)：A479-A486.

[134] LIU W S, FENG P Z, WANG X H, et al. Calculation and analysis of the valence electron structure of $MoSi_2$ and $(Mo_{0.95}, Nb_{0.05})Si_2$[J]. Materials Chemistry and Physics, 2012,132 (2)：515-519.

[135] PENG K, YI M Z, RAN L P, et al. Effect of the W addition content on valence electron structure and properties of $MoSi_2$-based solid solution alloys[J]. Materials Chemistry and Physics, 2011,129(3):990-994.

[136] YE Y C, LI P J, HE L J. Valence electron structure analysis of morphologies of Al_3Ti and Al_3Sc in aluminum alloys[J]. Intermetallics, 2010,18(2):292-297.

[137] BORN M, HUANG K. Dynamical theory of crystal lattice[M]. Oxford：Oxford University Press, 1954:46-53.

[138] THOMAS L H. The calculation of atomic fields[J]. Proceedings of the Cambridge Philosophical Society, 2008,23(5):542-548.

[139] FERMI E. Eine statistische methode zur bestimmung einiger eigenschaften des atoms und ihre anwendung auf die theorie des periodischen systems der elemente [J]. Zeitschrift Fur Physik, 1928,48(1-2):73-79.

[140] HOHENBERG P, KOHN W. Inhomogeneous Electron Gas[J]. Physical Review, 1964, 136(3B)：B864-B871.

[141] KOHN W, SHAM L J. Self-consistent equations including exchange and correlation effects[J]. Physical Review, 1965,140(4A):1133-1138.

[142] BECKE A D. Density-functional exchange-energy approximation with correct asymptotic behavior [J]. Physical Review A, General physics 1988, 38 (6): 3098-3100.

[143] PERDEW J P, CHEVARY J A, VOSKO S H, et al. Atoms, molecules, solids, and surfaces:applications of the generalized gradient approximation for exchange and correlation[J]. Physical Review B, 1993,46(11):6671-6687.

[144] PERDEW J P, BURKE K, WANG Y. Generalized gradient approximation for the exchange-correlation hole of a many-electron system[J]. Physical Review B, 1996, 54(23):16533.

[145] LAMING G J, TERMATH V, HANDY N C. A general purpose exchange-correlation energy functional[J]. Journal of Chemical Physics, 1993, 99 (11): 8765-8773.

[146] FILATOV M, THIEL M. A new gradient-corrected exchange-correlation density functional[J]. Molecular Physics, 1997,91 (5):847-859.

[147] BECKE A D. Density functional calculations of molecular-bond energies[J]. Journal of Chemical Physics, 1986,84(8):4524-4529.

[148] PERDEW J P, WANG Y. Accurate and simple density functional for the electronic exchange energy: Generalized gradient approximation[J]. Physical Review B, 1986, 33(12):8800.

[149] LACKS D J, GORDON R G. Pair interactions of rare-gas atoms as a test of exchange-energy-density functionals in regions of large density gradients [J]. Physical Review A, 1993,47(6):4681-4690.

[150] PERDEW J P, BURKE K, ERNZERH M. Generalized gradient approximation made simple[J]. Physical Review Letters, 1996,77(18):3865-3868.

[151] PERDEW J P. Density-functional approximation for the correlation energy of the inhomo-geneous electron gas[J]. Physical Review B,1986,33(12):8822.

[152] LEE C, YANG W, PARR R G. Development of the Colle-Salvetti correlation-energy formula into a functional of the electron density[J]. Physical Review B, Condensed Matter, 1988,37(2):785-789.

[153] http://www.neotrident.com/upload/file/download/20155/29022650605.pdf.

[154] WESTBROOK J H, FLEISCHER R L. Intermetallic compounds, principles & practices[M]. London: John Wiley & Sons Publisher, 1994:195-215.

[155] FRIAK M, DEGES J, KREIN R, et al. Combined ab initio and experimental study of structural and elastic properties of Fe$_3$Al-based ternaries[J]. Intermetallics, 2010,18(7):1310-1315.

[156] 陈煜，姚正军，张平则,等. Cr、Mo 和 W 对 FeAl 金属间化合物电子结构和力学性能影响的第一性原理研究[J]. 稀有金属材料与工程, 2014,43(9):2112-2117.

[157] BIRCH F. Finite Elastic Strain of Cubic Crystals[J]. Physical Review, 1947,71 (11):809-824.

[158] VAILHE C, FARKAS D. Shear faults and dislocation core structure simulations in B$_2$FeAl[J]. Acta Materialia,1997, 45 (11):4463-4473.

[159] DAS G P, PAO B K, JENA P, et al. Electronic structure of substoichiometric Fe-Al intermetallics[J]. Physical Review B, 2002,66(18):184203.

[160] OUYANG Y F, TONG X F, LI C, et al. Thermodynamic and physical properties of FeAl and Fe$_3$Al: an atomistic study by EAM simulation [J]. Physica B: Condensed Matter, 2012,407(23):4530-4536.

[161] FU C L, WANG X D, YE Y Y, et al. Phase stability, bonding mechanism, and elastic constants of Mo$_5$Si$_3$ by first-principles calculation[J]. Intermetallics, 1999,7 (2): 179-184.

[162] SAHU B R. Electronic structure and bonding of ultralight LiMg[J]. Materials Science and Engineering: B, 1997,49(1):74-78.

[163] NGUYEN-MANH D, PETTIFOR D G. Electronic structure, phase stability and elastic moduli of AB transition metal aluminides[J]. Intermetallics, 1999,7(10): 1095-1106.

[164] ZHANG B, SOFFA W A. The structure and properties of L10 ordered ferromagnets: Co-Pt, Fe-Pt, Fe-Pd and Mn-Al [J]. Scripta Metallurgica et Materialia, 1994,30(6):683-688.

[165] HILL R. The elastic behaviour of a crystalline aggregate[J]. Proceedings of Physical Society Section A, 1952,65(5):349-354.

[166] MERADJI H, DRABLIA S, GHEMID S, et al. First-principles elastic constants

and electronic structure of BP，BAs，and BSb[J]. Physica Status Solidi(b)，2004，241(13)：2881-2885.

[167] 张彩丽.合金元素对 Mg-Li-X 强/韧化作用机制的第一性原理研究[D].太原：太原理工大学,2011:35-45.

[168] PUGH S F. XCII. Relations between the elastic moduli and the plastic properties of polycrystalline pure metals[J]. The London Edinburgh and Dublin Philosophical Magazine and Journal of Science，1954,45(367):823-843.

[169] WANG J Y, ZHOU Y C. Polymorphism of Ti_3SiC_2 ceramic First-principles investigations[J]. Physical Review B，2004,69(14):144108-144121.

[170] PETTIFOR D G. Theoretical predictions of structure and related properties of intermetallics[J]. Materials Science & Technology，2013,8(4):345-349.

[171] PONOMAREVA A V, ISAEV E I, VEKILOV Y K, et al. Site preference and effect of alloying on elastic properties of ternary B_2 NiAl-based alloys[J]. Physical Review B，2012,85(14):144117.

[172] 翟宝利.ActionScript3.0 从入门到精通[M].北京：化学工业出版社,2009:1-40.

[173] 郭世强.基于 Flash 的 RIA 开发技术[J].软件世界,2007(15):42-43.

[174] 刘志林，林成.合金电子结构参数统计值及合金力学性能计算[M].北京：冶金工业出版社，2008:1-43.

[175] 余瑞璜.固体与分子经验电子理论：等效价电子假定[J].科学通报，1981,26(4)：206-209.

[176] OLSON G B. Computational design of hierarchically structured materials[J]. Science，1997,277(5330):1237-1242.

[177] ZHANG S J, KONTSEVOI O Y, FREEMAN A J, et al. First principles investigation of zinc-induced embrittlement in an aluminum grain boundary[J]. Acta Materialia，2011,59(15):6155-6167.

[178] 刘文冠.基于第一性原理的镍基合金晶界脆化机理的理论研究[D].上海：中国科学院研究生院(上海应用物理研究所),2014:25-27.

[179] LI C M, ZENG S M, CHEN Z Q, et al. First-principles calculations of elastic and thermodynamic properties of the four main intermetallic phases in Al-Zn-Mg-Cu alloys[J]. Computational Materials Science，2014(93):210-220.

[180] KUPKA M, Stępień K, KULAK K. Effect of hydrogen on room-temperature

plasticity of B_2 iron aluminides[J]. Corrosion Science, 2011, 53(4):1209-1213.

[181] GROSDIDIER T, ZOU J X, STEIN N, et al. Texture modification, grain refinement and improved hardness/corrosion balance of a FeAl alloy by pulsed electron beam surface treatment in the "heating mode"[J]. Scripta Materialia, 2008, 58(12):1058-1061.

[182] KANENO Y, YAMAGUCHI T, TAKASUGI T. Hot rolling workability, texture and grain boundary character distribution of B_2-type FeAl, NiAl and CoTi intermetallic compounds[J]. Journal of Materials Science, 2005, 40(3):733-740.

[183] BYSTRZYCKI J, VARIN R A, NOWELL M, et al. Grain boundary character distribution in B_2 intermetallics [J]. Intermetallics, 2000, 8(9-11):1049-1059.

[184] FUKS D, STRUTZ A, KIV A. Bonding of Cr and V in FeAl B_2 phase[J]. International Journal of Quantum Chemistry, 2005, 102(5):606-611.

[185] RANDLE V. Mechanism of twinning-induced grain boundary engineering in low stacking-fault energy materials[J]. Acta Materialia, 1999, 47(15-16):4187-4196.

[186] RANDLE V. The coincidence site lattice and the 'sigma enigma'[J]. Materials Characterization,2001,47(5): 411-416.

[187] RANDLE V. Twinning-related grain boundary engineering[J]. Acta Materialia, 2004,52:4067-4081.

[188] WATANABE T. The potential for grain boundary design in materials development [J]. Materials Forum, 1988, 11: 284-303.

[189] FU C L, YE Y Y, YOO M H. Theoretical investigation of the elastic constants and shear fault energies of Ni_3Si[J]. Philosophical Magazine Letters, 2006, 67(3): 179-185.

[190] MENG F S, LI J H, ZHAO X. First-principles study on the effects of Zn-segregation in CuΣ5 grain boundary[J]. Acta Phys Sinica, 2014,63(23): 259-266.

[191] CHEN Y, YAO Z J, ZHANG P Z, et al. Effect of Cr, Mo atoms on the Cohesive Energy and Electronic Structure of FeAl/Fe_3Al Phase Interfaces [J] Mater. Mechanic. Eng, 2016,40: 96-100.

[192] CHEN Y, YAO Z J, ZHANG P Z, et al. First-principles study on the electronic structure and mechanical properties of Cr, Mo and W in FeAl intermetallic compounds [J]. Rare Metal Mat. Eng,2014,9:2112-2117.

[193] ZHANG S, KONTSEVOI O Y, FREEMAN A J, et al. First principles investigation of zinc-induced embrittlement in an aluminum grain boundary[J]. Acta Mater, 2011, 59:6155-6167.

[194] ASSA ARAVINDH S D, SCHWINGENSCHLOEGL U, ROQAN I S . Defect induced d(0) ferromagnetism in a ZnO grain boundary [J]. The Journal of Chemical Physics, 2015, 143 (22):1101-1383.

[195] DEVI A A S, ROQAN I S. Correction: The origin of room temperature ferromagnetism mediated by Co-V Zn complexes in the ZnO grain boundary[J]. Rsc Advances, 2016, 6(56):50818-50824.

[196] CHEN J J, DUAN J Z, WANG C L, et al. The monovacancy formation energy and its effect on the electronic property, the lattice parameters and the hardness of the new found MAX phase, Nb 2 GeC[J]. Computational Materials Science, 2014, 82 (7):521-524.

[197] LIU Y, HUANG Y C, XIAO Z B, et al. First principles calculations of formation energies and elastic constants of inclusions α-Al_2O_3, MgO and AlN in aluminum alloy[J]. International Journal of Modern Physics B, 2016, 30(16):1650085.

[198] RICE J R, WANG J S. Embrittlement of interfaces by solute segregation[J]. Materials Science and Engineering: A, 1989,107 (89):23-40.

[199] LI C M, ZENG S M, CHEN Z Q, et al. First-principles calculations of elastic and thermodynamic properties of the four main intermetallic phases in Al-Zn-Mg-Cu alloys [J]. Computational Materials Science, 2014, 93:210-220.

[200] SEGALL M D, SHAH R, PICKARD C J, et al. Population analysis of plane-wave electronic structure calculations of bulk materials[J]. Physical Review B Condensed Matter, 1996, 54 (23):16317.

[201] ZHENG Y B, WANG F, AI T T, et al. Structural, elastic and electronic properties of B_2-type modified by ternary additions FeAl-based intermetallics: First-principles study[J]. Journal of Alloys & Compounds, 2017, 710:581-588.

[202] WATANABE T. An approach to grain boundary design of strong and ductile polycrystals[J]. Res Mechanica, 1984, 11(1):47-84.

[203] RADOSLAW. Multi-axial forging of Fe3Al-base intermetallic alloy and its mechanical properties[J]. J Mater Sci, 2017,52:2901-2914.

[204] MORRIS D G, MORRIS-MUNOZ M A. The influence of microstructure on the ductility of iron aluminides[J]. Intermetallics, 1999(7):1121-1129.

[205] MCKAMEY C G, DEVAN J H, TORTORELLI P F, et al. A review of recent developments in Fe_3Al-based alloys[J]. Journal of Materials Research, 1991,6(8): 1779-1805.

[206] KUBASCHEWSKI O. Iron-binary phase diagrams [M]. New York: Springer-Verlag, 1982:5-10.

[207] EPPERSON J E, SPRUIELL J E. An X-ray single crystal investigation of iron-rich alloys of iron and aluminum-II. Diffuse scattering measurements of short-range order in alloys containing 14.0 and 18.3at.% aluminum[J]. Journal of Physics and Chemistry of Solids, 1969,30(7):1733-1744.

[208] TAYLOR A, JONES R M. Constitution and magnetic properties of iron-rich iron-aluminum alloys[J]. Journal of Physics and Chemistry of Solids, 1958,6(1):16-37.

[209] GUAN W M, PAN Y, ZHANG K H, et al. First principle study on the interface of Ag-Ni composites [J]. Rare Metal Materials and Engineering, 2010, 39 (8): 1339-1343.

[210] HU Q M, YANG R, XU D S, et al. Energetics and electronic structure of grain boundaries and surfaces of B-and H-doped Ni_3Al[J]. Physical Review B, 2003,67 (22):224203.

图　清　单

表 清 单

注 释 表

ε	应变	σ	应力
B	体模量	G	剪切模量
E	弹性模量	ν	泊松比
C_p	柯西压力常数	σ	杂化阶数
c_t	t 态成分	c_h	h 态成分
n_τ	总价电子数	n_c	共价电子数
n_l	晶格电子数	n_A	最强共价键电子数
n'_A	最强共价键电子数统计值		